高等职业教育“十四五”规划教材

江西主要中药材栽培技术

龚福保　梁小敏　主编

中国农业大学出版社
·北京·

内 容 简 介

中药材是中药工业的生产原料，是中医药事业传承和发展的物质基础，是我国独特且具有战略意义的宝贵资源。为了科学利用江西道地中药材资源，掌握江西主要中药材栽培技术，本书共收集了江西40余种中药材，按照江西的“赣十味”“赣食十味”“特色中药材”排序，介绍每种中药材的概况、特征特性、栽培与管理技术、采收加工技术等。

本书实用性强，可作为江西各职业院校中药学相关专业学生的补充教材，也可作为农技人员、新型职业农民、中药材种植户、创业青年等人员的学习和培训教材。

图书在版编目(CIP)数据

江西主要中药材栽培技术 / 龚福保，梁小敏主编. --北京：中国农业大学出版社，2022.3
ISBN 978-7-5655-2732-6

Ⅰ.①江… Ⅱ.①龚… ②梁… Ⅲ.①药用植物－栽培技术 Ⅳ.①S567

中国版本图书馆 CIP 数据核字(2022)第 031741 号

书　　名　江西主要中药材栽培技术
作　　者　龚福保　梁小敏　主编

策划编辑	郭建鑫	**责任编辑**	郭建鑫
封面设计	郑　川		
出版发行	中国农业大学出版社		
社　　址	北京市海淀区圆明园西路 2 号	**邮政编码**	100193
电　　话	发行部 010-62733489，1190		读者服务部 010-62732336
	编辑部 010-62732617，2618		出　版　部 010-62733440
网　　址	http://www.caupress.cn	**E-mail**	cbsszs@cau.edu.cn
经　　销	新华书店		
印　　刷	北京溢漾印刷有限公司		
版　　次	2022 年 3 月第 1 版　　2022 年 3 月第 1 次印刷		
规　　格	185 mm×260 mm　　16 开本　　11.5 印张　　285 千字		
定　　价	35.00 元		

编审人员

主　　编　龚福保　梁小敏

副 主 编　周万祥　杨龙坡　范海霞

编写人员　龚福保　梁小敏　周万祥　杨龙坡
范海霞　刘庆珊　李　鹤　孙紫芸
邓春燕　夏慧敏　付丽萍　古可珍
万书源　周录泳　张宇瑶　崔振魁
柳姝婷　胡永德

主　　审　张寿文

前　言

中药材是中药工业的生产原料，是中医药事业传承和发展的物质基础，是我国独特且具有战略意义的宝贵资源。

习近平总书记在中国中医科学院成立60周年时指出，切实把中医药这一祖先留给我们的宝贵财富继承好、发展好、利用好。党的十九大报告提出，“坚持中西医并重，传承发展中医药事业”，充分体现了党和国家对中医药发展的高度重视和深切关怀，为推动中医药事业发展指明了方向、增添了动力。

江西近几年启动了新一轮中医药强省战略，出台了一系列政策，为江西发展中药材产业提供了强有力的保障。

为了科学利用江西道地中药材资源，推广江西主要中药材栽培技术，江西农业工程职业学院、江西省中药材产业技术体系岗位专家龚福保教授牵头组织了《江西主要中药材栽培技术》一书的编写工作。本书共收集了江西40余种中药材，按照江西的“赣十味”、“赣食十味”(其中泰和乌鸡是动物药材，本书不做介绍)、“特色中药材”排序，详细介绍每种中药材的概况、特征特性、栽培与管理技术、采收加工等内容。

本书实用性强，可作为职业院校中药学相关专业学生的补充教材，也可作为农技人员、新型职业农民、中药材种植户、创业青年等人员的学习和培训教材。

本书在编写过程中，得到了江西农业工程职业学院、江西省中药材产业技术体系的大力支持。江西省中药材产业技术体系首席专家、江西中医药大学张寿文教授对书稿进行了认真审阅。在此我们一并表示诚挚的谢意！

由于编者水平所限，加之时间仓促，书中难免有不妥之处，敬请读者批评指正，以便再版时修订和完善。

编写组

2022年2月

目　录

赣十味

赣食十味

特色中药材

赣 十 味

枳壳

一、概述

枳壳为芸香科植物酸橙及其栽培变种的干燥的接近成熟的果实，为常用中药，始载于《神农本草经》，有行气宽中、行滞消胀的功效，用于治疗胸胁气滞、痞满不舒、食积不化、痰饮内停，脏器下垂等。枳壳主产于江西、湖南、四川等地，江西枳壳主要在樟树、新干、鄱阳等地有栽培。江西道地枳壳（臭橙、香橙）产在樟树，以樟树市和新干县交界的袁河两岸乡镇黄岗、昌傅、洲上、三湖一带最著名，具有上千年的种植应用历史，古称“商州枳壳”，又被称为“江枳壳”，以皮青、肉厚、色白、质坚、香味纯正、口面翻卷、菊花心为特点。

枳壳有 2 个主要类型，即黄皮香橙与红皮臭橙两大类。黄皮香橙类性状较原始，果皮较厚，表面粗糙或有皱襞，色淡黄或橙黄，挥发油成分较高，香气较浓，结实能力较强。中药枳实及枳壳，主要用黄皮香橙制成。

二、形态特征与生物学特性

酸橙是柑橘属小乔木，为多年生常绿植物，枝叶密茂，刺多。枳壳柑果近球形，多横切成半球形，直径 2～5 cm；幼时绿色，熟时淡黄色，果皮粗糙；干果外果皮呈棕褐色，散有众多小油点及网状隆起的皱纹，果实顶端有明显的花柱残迹或果梗痕，切面中果皮黄白色，光滑而稍隆起，厚 0.4～1.3 cm，沿外缘有 1～2 列棕黄色油室，瓤囊 6～13 瓣，干缩，呈棕色至棕褐色，每瓤囊中常有种子数粒；质坚硬，不易折断，气香，汁胞味苦而后酸。

枳壳多栽培于阳光充足、气候温暖湿润的环境，以温度 15～25 ℃、年降水量 1 000～2 000 mm 最适宜，土壤以深厚、疏松、排水良好，具微酸性至中性的壤土或砂壤土为好；重黏土，排水不良、盐碱性大的地区不宜栽种。

三、栽培及管理技术

（一）种苗繁殖

枳壳可采用种子繁殖，也可采用嫁接繁殖，江西枳壳繁殖的方式主要是嫁接。

1. 苗床选择与整地

选择 2～3 年内未种过柑橘苗的地块作苗床，最好有喷灌设施或附近有水源，以便灌溉。播前先将土壤翻耕耙平，每亩施入 1 000 kg 有机肥，翻入土中作基肥，然后，再充分耙细整平，做宽 1.3 m 的高畦播种，四周开好较深的排水沟。

2. 嫁接繁殖

江西枳壳嫁接繁殖主要采用春季单芽切接、秋季单芽腹接的方式。春季（2—3 月）春芽萌动前进行单芽切接，单芽腹接于7—9月秋梢变绿后进行，砧木宜用枳一年生播种苗或酸橙本砧。接穗宜统一在已进入盛果期的优良品种或优良类型品系的健壮母株上采集，采下后留叶柄2～3 mm，将叶片剪去，并用湿毛巾或苔藓等包好，以防干燥失水。成活后剪砧，抹去砧芽。培育2～3年即可定植。利用嫁接苗定植，比实生苗可提早4～5年始果。

具体操作方法：首先用嫁接刀削取带叶柄的芽片；其次在砧木离地面5 cm处，用嫁接刀纵、横各切1刀，切成"T"形切口；然后用嫁接刀尾部的牛骨片将切口的皮部挑开，将接芽插入"T"形切口内，使接芽与砧木形成层密接，再用薄膜条捆住，捆时注意将芽和叶柄露在外面。接后7～10天检查，若接芽仍绿色，叶柄一触即落，砧木切缝内有白色愈合组织，表明已接活；若接芽为暗褐色，触及叶柄不落，表明未接活，还可补接1次。嫁接成活后，于第2年春季解膜，进行田间管理，当芽发育成小枝时，剪除接芽上部的砧木并抹除砧芽。

3. 种子繁殖

精选种子，在冬至前后采种(11—12月)，在优质高产、无病虫害的壮年采种母株上采摘成熟的果实，剥去果皮，漂洗出种子，置于通风干燥处晾干，随即进行冬播或用沙拌和窖藏。

苗地选择土壤疏松的砂壤土，苗床整细耙平，每沟均匀地播入种子50～60粒，覆盖细土至与畦面齐平。盖草保温保湿，约半个月出苗，苗出齐后揭去盖草，进行中耕除草和间苗。培育2～3年，苗高1 m左右，即可出圃定植。

(二)栽培技术

1. 选地整地

(1)选地。宜选温暖湿润、阳光充足、雨量充沛的坡度在20°以下的平地、丘陵地或缓坡山地，以向阳的南坡为好。宜选平缓的旱地，排水良好、土层深厚的壤土，pH 5.0～6.5为佳。

(2)整地。定植的前一年进行整地，缓坡山地宜整成梯田。江西枳壳栽培整地采取起垄栽培技术，即将表层肥沃土壤堆集成垄，形成行沟相对偏深的垄沟模式。方法是全垦翻耕后起垄，以水平方向作行向，按行距5 m用挖机开壕沟，沟宽1 m，沟深80 cm。在壕沟内按株距2.5～3.0 m定植，并施有机肥10 kg、钙镁磷肥1 kg、生石灰0.5 kg，回填土并将行间表土推堆起垄，形成高30～40 cm的栽植垄。

2. 苗木处理

裸根苗起苗后修剪去除过长主根，主根留20 cm，苗干高30 cm左右截顶，适度修剪枝叶，用2%～3%钙镁磷肥拌黄泥浆蘸根，蘸根后竖立放置背风阴处，存放时间控制在7天之内。

3. 定植

宜选阴天定植。栽培深度以嫁接口露出地面为度。定植后，在苗周围做圆盘，浇足定根水。苗蔸半径50～70 cm范围内覆盖防草地布。

(三)田间管理

1. 施肥

4年生以下的幼树每株每年追肥4次：2月底和7月下旬分别施45%硫酸钾型三元复合肥(15∶15∶15)0.25 kg，沿树冠滴水线开深度5 cm的浅沟施肥；5月下旬施尿素0.05～0.1 kg，小雨时撒于树盘下;11 月施有机肥 2～5 kg,枯饼 0.2～0.5 kg,沿树冠滴水线开深 15 cm 沟埋施。

结果树每年施肥 3 次:2 月底至 3 月初施 45%硫酸钾型三元复合肥(15:15:15)0.3～0.5 kg,加硼酸 0.1 kg;6 月上旬施 45%硫酸钾型三元复合肥(15:15:15)0.6～1.0 kg,均以树为中心向外开深 5 cm 的放射形浅沟施肥;10 月底至 11 月中旬施有机肥 10～15 kg、45%硫酸钾型三元复合肥(15:15:15)1 kg,树冠下挖 20 cm 深度环状沟埋施。

2. 中耕除草

每年中耕除草 2～3 次。春季多锄浅锄;夏季应深锄;秋、冬季全垦深翻培土,清园中耕。

3. 合理修剪

栽植第 1 年的幼树,留 30～45 cm 短截,作为主干培养,及时抹除主干以下的萌蘖;栽植第 2～4 年选择强壮枝条短截,促发夏、秋梢,形成自然半圆形树冠,拉枝减弱顶端优势、促进多分枝,预防树冠分层,以培养更多结果母枝;成年树在早春剪去枯枝、病虫枝、荫蔽枝和衰老枝等,控制树冠高度为 2.5 m,形成冠形均称、空间通透,能上下、内外立体结果的丰产稳定树形。

(四)病虫害防治

主要病害有疮痂病、溃疡病、介壳虫等。疮痂病主要危害新梢、叶片、花、果等幼嫩部分,可于发芽前、落花后,各喷洒 1 次 0.5:1:100 波尔多液,发病的枝梢、果实应及早采下烧掉。溃疡病主要为害嫩叶、幼果及新梢,应严格执行检疫制度。一方面可合理修剪枯枝、病枝、病叶等,集中烧毁,改善树冠内膛通风透光度;另一方面可在春芽萌动前或花蕾现白时以及谢花后,喷 1:2:200 波尔多液,每 7～10 天喷 1 次,连喷 2～3 次,抽发新梢时再喷 2～3 次。介壳虫主要为害枝干和果实,幼龄期选用 25%噻嗪酮可湿性粉剂 2 500～3 000 倍液、16%吡虫·噻嗪酮悬浮剂1 000 倍液等按推荐浓度喷雾防治,或用刷子蘸农药直接涂在有虫的枝上,在休眠期涂 45%松酯酸钠可溶性粉剂 8～10 倍液,每周 1 次,连续数次处理。

四、采收及加工技术

1. 采收

6 月下旬至 7 月中旬,在果实快速膨大的初期适时采摘:赣中一般在小暑至大暑期间,赣南一般在 6 月下旬采摘,赣北采收期推迟至 7 月中旬。于晴天露水干后,用长柄钩杆及时采下。

2. 加工

鲜果采回后及时将果实横切两半,切后瓤瓣呈菊花形,摊开日晒,宜"日晒夜露",晒到六七成干后,收起后放干燥处沤一天一夜,使其发汗,使内含的水分蒸发均匀,易于晒至全干,晒到全干后可入药。应在晒垫上晒,晒时切勿沾灰淋雨(如沾生水,肉瓤会变黑色起斑点)。也可烘干，温度控制在 60 ℃以内，烘 6～8 h，发汗（即回潮）24 h，反复 3 次至干燥。《中国药典》规定枳壳药材含水量不得超过 12%。

车前子

一、概述

车前为车前科车前属多年生草本植物，一般以种子和全草入药，是常用中药。车前子有利水通淋、清肝明目的功效，用于治疗小便不利、水肿等；全草有清热解毒、利尿的功效，用于治疗尿路感染、暑热泄泻、痰多咳嗽、热毒痛肿等。主产于东北、华北、西南、华东各地，江西主要在泰和、新干、修水、樟树等地有栽培。

车前科有3属约270种，其中车前属有265种，广布于全世界。中国栽培种有车前、大车前、平车前和狭叶车前，按根系类型可将其分为直根系和须根系两大类群，车前和大车前属于须根系；平车前和狭叶车前属于直根系。江西主要采用的栽培种为车前。

二、形态特征及生物学特性

车前为多年生草本，高30～80 cm，苗期喜湿润环境，成株后抗旱性强，进入抽穗期后，因根系吸收功能旺盛，最怕受淹，受淹渍后穗容易枯死。车前喜温暖喜阳光充足的环境，对土壤要求不严。车前全生育期为220～250天。

三、栽培及管理技术

（一）种苗繁殖

车前多采用育苗移栽的方法以种子繁殖。

1. 精选种子，拌种消毒

选颗粒饱满、棕褐色而具光泽、无病虫害的种子作种，播种前用1%高锰酸钾或1%氯水浸5～10 min，再用清水洗净后待播，或用50%多菌灵粉剂掺细火土灰与种子拌匀（种子∶多菌灵＝100∶1）。

2. 苗床选择与整地

选排灌良好，土层深厚、疏松的壤土（稻田或旱地），养分水平在中等以上，大气、水质、土壤无污染。地块深耕20～30 cm，经充分风化，除净杂草，做到细、平、实、湿、肥，以待播种。每亩施农家肥1 000 kg，混施100 kg过磷酸钙。开沟做畦，畦面宽100～110 cm、高20～30 cm。

3. 适期早播，培育壮苗

一般 9—10 月份播种。育苗采用露地苗床育苗为主，苗床面积与大田面积为 1∶10。用种量每亩控制在 1～2 kg，将处理后的种子均匀撒于苗床上，盖一薄层细火土灰或草木灰拌的细土，为防鸟虫吃种子和雨后土壤表层板结，在畦面盖一层稻草。播后每隔 3～5 天浇 1 次水，以保持土壤湿润，促其发芽，出苗后揭去盖草，分期施稀薄氮肥催苗。种子出苗后生长缓慢，易被杂草抑制，幼苗期应及时除草，一般进行人工拔草 2～3 次。拔草同时进行间苗工作，做到苗不搭苗。出苗后 10 天开始，每 10～15 天施水肥 1 次，每次每亩苗床施 100 kg 水加 1 kg 复合肥，施 2～3 次。

(二)栽植技术

1. 选地与整地

移植地应选择大气、水质、土壤无污染的地区，并且阳光充足，排灌方便，土壤疏松肥沃，地势平坦，肥力较均匀，pH 5.5～7.5。车前以旱地壤土或晚稻田种植为好，红壤坡地亦可种植。种植地移栽前要二犁二耙，深耕 20～30 cm，土壤充分风化、细碎、除净杂草，开沟做畦。一般畦面宽 80～100 cm，畦高 15～20 cm，畦间沟宽 30～40 cm，并开好腰沟和围沟，做到三沟相通，以利于排灌水和日常管理。施基肥，每亩施腐熟农家肥 1 500～2 000 kg，复合肥 20～30 kg，腐熟饼肥 100 kg，三者充分混匀施于畦面土中。

2. 适时移栽，合理密植

秋季播种的移栽时间一般为 11—12 月，苗龄为 40～50 天、苗高 7～10 cm 时便可移栽。移苗前育苗床淋足水，用小铁铲带土移苗，随移随栽，秋季栽植按株行距 30 cm×35 cm 开穴，每穴栽 1 苗，每亩控制密度为 6 000～7 000 株，做到大、小苗分栽，栽后盖土、淋足定根水。

(三)田间管理

1. 中耕除草

一般进行 3 次，幼苗返青后 15 天进行第 1 次中耕除草，第 2 次中耕除草在立春至雨水间，第 3 次在旺长期封行前进行。畦面的杂草人工拔除，或用小铲边松土边除草，垄沟内可用工具锄草，做到田间无杂草。中耕除草松土选择在晴天进行。

2. 查苗补苗

苗成活后经常查苗，及时查漏补缺，保证全苗。

3. 科学施肥

肥料种类以有机肥为主、化学肥料为辅。施肥方法以施基肥为主，施追肥为辅。基肥以腐熟农家肥为主，混合过磷酸钙或复合肥。追肥以复合肥、腐熟农家肥为主。不能使用城市垃圾肥。车前幼苗定植成活后，一般进行 3 次追肥，第 1 次在幼苗返青后 10～15 天进行，每

亩用尿素 20 kg 或稀的人畜粪水 1 200～1 500 kg；第 2 次于栽后 25～30 天进行，每亩施尿素 10 kg、氯化钾 15 kg；第 3 次于抽穗后，每亩施氯化钾 5 kg，并用磷酸二氢钾 150～200 g、硼 100～150 g，叶面喷施，以促进花芽分化和种子发育，注意控制氮肥用量，防止营养生长过旺和导致病虫害发生。

4. 灌溉排水

由于秋、冬季雨水较少，移栽后根据天气情况及时淋水和浅灌水，一般 5～7 天 1 次，保持土壤湿润。车前生长中后期雨水较多，田间易积水，应及时清沟排水，降低土壤湿度，减少病虫害的发生。

(四)病虫害防治

车前病害均在 3 月下旬至 4 月中、下旬发病最重，主要有白粉病、褐斑病、叶斑病、根癌病、霜霉病、穗枯病等，特别在雨水多、排水不良的土壤中易发生。虫害主要有车前圆尾蚜、刺蛾幼虫。防治应以预防为主，综合防治，车前与水稻合理轮作，以减少土壤中病原细菌；合理均衡施肥，不偏施氮肥；选用健壮不带病菌种子和做好种子消毒，及时清除杂草、病株，土壤消毒处理，在车前抽穗前后加强调查，发现中心病株，及时拔除、集中烧毁，并用药剂防治。春季防治从抽穗时开始喷药，用 50%多菌灵可湿性粉剂 400～500 倍液进行预防，每隔 4～5 天喷 1 次，连喷 3～4 次以防止病菌侵染穗，并注重开沟排水，降低田间湿度。

四、采收及加工技术

(一)采收

车前果穗下部果实外壳初呈淡褐色、中部果实外壳初呈黄色、上部果实已膨大、穗顶已收花时，即可收获。车前抽穗期较长，先抽穗的早成熟，所以要分批采收，每隔 3～5 天割穗 1 次，半个月内将穗割完。收获宜在早上或阴天进行，以防裂果落粒。用镰刀将成熟的果穗割下，装入箩筐运回。

(二)初加工

将采回的果穗放在干燥通风室内堆放 1～2 天，然后放置在竹晒垫上暴晒 2 天。脱粒后再晒，除去粗壳杂物，筛出种子，扬净种壳，晒至全干。清除杂质，以手抓一把种子全部种子即从指缝中滑落出来为干燥适度。种子晒干后用麻袋或塑料尼龙布包装，贮存在清洁、干燥、阴凉、通风、无异味的仓库中，注意避光、防潮、防鼠虫为害。

江栀子

一、概述

江栀子，又名黄栀子、栀子、山栀子、红栀子、枝子、山枝子、黄枝、黄枝子、黄果树。为茜草科栀子属植物，以干燥成熟果实入药。有泻火除烦、清热凉血、解毒、利湿等功效。主治热病心烦、肝火目赤、湿热黄疸、小便黄短、血热吐衄、尿血、黄疸型肝炎、胆炎、肾炎、热毒疮疡以及蚕豆病等；外用治扭挫伤引起的瘀血肿痛，消肿效果良好。栀子除药用外，还是饮料、糖果、酒类、糕点、化工及制药工业等重要原料。从果实中提取的粉末状黄色色素，是色泽鲜艳、着色力强、耐光、耐热、无异味、无沉淀、安全性高的天然食品色素和天然染料。栀子枝叶繁茂，花朵美丽，香气浓郁，为庭院中优良的美化材料，还可供盆栽或制作盆景。花可食用，常用作蔬菜。主产于湖南、江西、浙江、安徽、河北、福建、四川、贵州等省，江西樟树、吉安、抚州、九江等地种植面积较大，樟树黄栀子在同类产品中品质最好，是地理标志产品。

二、形态特征及生物学特性

江栀子为常绿灌木。株高1～1.5 m，根淡黄色，茎多分枝，叶对生或3叶轮生，长椭圆形或倒卵状披针形，全缘，托叶3片，膜质，生于叶柄内侧，通常2片连合成筒状包围小枝，花大，白色，单生于枝端或叶腋，气芳香，花萼绿色，圆筒状，基部渐窄，先端有5～7裂，裂片线形；花冠开放后呈高脚碟状，裂片5或7，栽培作花卉者常为重瓣；花丝短，花药线形；子房下位，胚珠多数。蒴果，倒卵形或椭圆形，革质略带肉质，有纵棱5～8条，顶端有宿存花萼；果实成熟时金黄色或橘红色。种子多数，扁圆形，黄白色。花期5—6月，果熟期11—12月。

喜温暖气候和阳光充足的环境。耐干旱，不耐寒。在光照充足的环境里生长，植株较矮壮，发棵多而大，结果充实饱满。对土壤有较明显的选择性，以冲积壤土生长最好，其次是紫色土、山地红壤土，pH为5～7，凡碱性土或盐碱地均不宜栽培。生长适温为20～25 ℃，−5 ℃以上可安全越冬，10 ℃以上萌动，30 ℃以上生长受抑。4月中旬孕蕾，5月上旬至6月初开花，6—10月果实渐大，10—11月果实成熟。

江栀子植株形态

1. 花枝　2. 果枝　3. 果实

三、栽培及管理技术

(一)苗木繁殖

江栀子以种子繁殖为主,亦可扦插繁殖。

1. 种子繁殖

(1)选种与采种。选择树势健壮、树冠呈现伞状、主枝开阔、叶色浓绿、枝条节短粗壮、果实肉厚饱满、色泽金黄或黄红、无病虫害的优良母株作为留种树。于10月下旬至11月上旬,采集成熟的果实。然后再选择单果鲜重4 g左右、无伤病的果实作种用。先将种果摊开晾干2～3天,再用清洁湿润的河沙层积贮藏25～30天。经过后熟处理,筛出果实,置清水中揉搓,洗去果皮与果胶等杂物,捞去浮在水面的瘪籽,将沉于清水中的饱满种子取出,晾干,切忌暴晒或烘干,否则影响发芽率。再用麻袋装好,置通风、干燥处贮藏备用。

(2)播种育苗。春播或秋播,以春季3月下旬播种为好。播前将种子浸泡12 h。播时,在整好的苗床上,按行距25～30 cm开横沟条播,沟深5～7 cm,播幅10 cm。先浇稀薄的人畜粪水湿润沟底,然后种子拌草木灰均匀地撒入沟内,随即覆盖细土,厚1～1.5 cm,再盖杂草,保温保湿,以利于出苗。每亩用种量2～3 kg。播后经常浇水,保持苗床湿润,20天左右即可出苗。齐苗后揭去盖草,进行中耕除草、间苗、定苗和追肥等苗床管理,培育至翌年早春2—3月出圃定植。育苗一亩,可培育合格幼苗3万～4万株。

2. 扦插繁殖

栀子枝条易发根。春、夏、秋季均可扦插,但以春季3—4月扦插成苗率较高。插穗从生长健壮、果大肉厚、枝条节间粗短、树皮黑褐色、无病虫的母株上剪取1～2年生枝条,将其截成20 cm长的插条,每段需有3个以上的节位,并剪去下端叶片,仅留上端2～3枚小叶,每20～30根扎成1捆。然后,将下端剪口放入0.5 g/kg生根粉或0.5～1 g/kg萘乙酸溶液中快速浸渍10 min左右,取出,晾干药液后立即扦插。扦插时,按行株距10 cm×8 cm斜插入整好的苗床内,插条入土深度为穗长的1/2～2/3,扦插完毕后,用细孔喷水壶将插床喷水淋透、压紧,使插穗基部与土壤密接,以利于吸收土壤中的水分。发芽生根后,需搭棚遮阴,并进行除草、追肥、浇水等苗床管理。培育1年,当苗高30 cm以上时,即可出圃定植。

(二)栽植技术

1. 选地整地

育苗地应选择地势平坦、灌溉方便、土壤疏松肥沃、排水良好的砂壤土。选地后于头年秋季深翻细整,施足基肥。然后做成1.5 m宽的高畦播种或扦插育苗。栽植地可选海拔高度在500 m以下的缓坡山地的中、下部及背阴向阳的山地、丘陵、平原均可,要求土层深厚、疏松肥沃、排水良好的红壤土或冲积壤土。于头年秋、冬季进行全垦或带状整地或块状整地,清除灌木杂草、石块、树根等杂物，然后整成水平梯田，以利于保持水土。深翻耕一遍，结合整地，每亩施入有机肥 1 500～2 000 kg 加过磷酸钙 30～50 kg，翻入土内作基肥，然后挖定植穴栽植。

2. 定植

于头年秋末冬初，在整好的栽植地上，按行株距 1.5 m×1.2 m 挖定植穴，穴深与宽各 50 cm，每穴施入适量腐熟厩肥或堆肥，与底土充分拌匀作基肥，隔层盖土厚 10 cm。每穴栽入壮苗 1 株，分层填土压紧，使根系在穴内舒展。栽后浇水淋透，覆盖细土略高于地面，以利于保墒和成活。定植的时期以春季 2 月中旬至 3 月中旬为好。宜成片集约栽培，有利于丰产和良种化，便于管理和采收。

(三)田间管理

1. 中耕除草

定植成活后，前几年因苗木较小，行间可间作矮秆作物或蔬菜。可结合间作物的管理，进行中耕除草和追肥。

2. 科学施肥

春季植株萌发后，于 3 月下旬至 4 月初每亩施尿素 3～4 kg，以利于春梢的生长；夏季在花粉授精后，于 6 月下旬每亩施用复合肥 4～6 kg，以提高坐果率；立秋后重施 1 次秋肥，每亩施尿素 8 kg，以促进栀子花芽分化，为翌年多开花结果打下基础；冬季采果后，重施 1 次腊肥，每亩施用有机肥 2 000 kg，加过磷酸钙 30 kg、饼肥 20 kg，充分拌匀，混合堆沤后，于植株旁开环状沟施入，施后培土，以利于恢复树势和植株安全越冬，为翌年的生长提供充分的养分。

3. 喷施植物生长素

在栀子盛花期，喷施 0.15% 硼砂；谢花 3/4 时，喷施 0.05 g/kg 赤霉素加 0.3% 尿素加 0.2% 磷酸二氢钾配制成的混合液，每隔 10～15 天喷洒 1 次，连喷 2 次，可加速细胞分裂和增殖，减少果柄离层的形成，加速果实生长，从而提高栀子坐果率。

4. 合理整枝修剪

栀子定植成活后，经常抹除主干下部的萌芽，并于栽后第 1 年苗高 60 cm 以上时，剪去顶梢，作为定干高度，将主干离地面 30 cm 范围内的萌动芽全部抹除，仅留其上 3～4 个向不同方向生长的强壮侧枝，使其形成树冠外圆内空、枝条疏朗、层次分明、通风透光、单杆开阔的自然开心形的丰产树形。从而有效地调节生长、开花、结果之间的平衡关系，减少养分无谓的消耗，达到增产的目的。此外，每年冬季还要剪去枯枝、纤弱枝、密生枝、徒长枝和病虫枝。每次修剪之后，均要追肥 1 次，以利于恢复树势。

(四)病虫害防治

1. 病害

(1)煤烟病。发生在枝条与叶片上，发现后可用清水擦洗，或喷 29% 石硫合剂水剂 35～70 倍液，50% 多菌灵可湿性粉剂 1 000～1 200 倍液。

(2)腐烂病。常在下部主干上发生，出现茎膨大，开裂，发现后立即刮除或涂稀释 180～400 倍的 29% 石硫合剂水剂于主干上，数次方能奏效。

2. 虫害

栀子在湿度高，通风不良的环境中易遭介壳虫为害，可及时用小刷刷除或喷洒 20 号汽油乳剂 100～150 倍液。

四、采收与初加工

(一)采收

栀子定植成活后 2～3 年始果。11 月份前后，当果皮呈金黄色或红黄色时，选晴天采摘。采收过早，果皮青绿色未成熟，所加工商品质地松泡，呈黑色，且折干率低，色素提取率也低，质量差；过迟，果实已熟透变软，会自行脱落以及为鸟雀所食，加工时干燥困难且易霉变。采摘时，不论果实大小，应一次采净。

(二)初加工

果实采回后先在通风干燥处摊开晾干数日，使少数青黄或青色果实后熟变为红黄色。然后，将果实放入蒸笼内蒸至“上大汽”为止；或用 100 kg 沸水兑明矾 0.8 kg，将果实煮烫 20 min，捞出沥干水分，再置于晒席上薄摊日晒至八成干后，将其堆放在通风干燥处发汗 3～5 天，再晒至全干即成商品。遇阴雨天，可用炭火炕干。炕干时，先在 55～60 ℃温度下炕干 2 天，取出后摊晾 7 天，再在 45～50 ℃温度下炕干 1 天，取出后摊开放凉，即成商品。

吴茱萸

一、概述

吴茱萸为芸香科植物，也称吴萸、吴芋、茶辣、辣子，以果实入药，是我国传统中药之一。有温中散寒止痛，降逆止呕，助阳止泻等功效；主治脘腹寒痛、胃寒呕吐、厥阴头痛、寒疝腹痛、寒湿脚气、经行腹痛、五更泄泻等，外用可治高血压、湿疹等。主产于四川、贵州、广西、陕西、浙江、安徽、江西、福建、湖南、湖北等地。

吴茱萸分大花、中花、小花 3 个类型，其中以中花类品种为优，产量高、结果早。江西樟树、新干、抚州等地种植面积较大，樟树吴茱萸中花类品种在同类产品中品质最好，是地理标志产品。

二、形态特征及生物学特性

吴茱萸为落叶灌木或小乔木，高 3～10 m。树皮青灰褐色，枝暗绿色，嫩枝紫褐色，被黄褐色长毛。单数羽状复叶对生，小叶 5～9 片，椭圆形或卵圆形，顶端尖或渐尖，全缘或有钝锯齿，叶背有透明油点。聚伞状圆锥花序顶生，雌雄异株，花黄白色，雄花退化子房略呈三棱形；雌花花瓣较雄花为大，退化雄蕊鳞片状，子房上位，心皮 5 枚。果实扁球形，青绿色，成熟时果皮紫红色，开裂呈 5 瓣状。种子卵状球形，黑色，有光泽，香气浓烈，味苦辛辣。

吴茱萸植株形态

1. 花枝　2. 雄花　3. 雌花　4. 幼果

吴茱萸适合生长于海拔 500 m 左右的山坡沟边，温暖湿润的山地，疏林下或林缘空旷地。人工栽培可种植在低山及丘陵、平坝向阳、较暖和的地方，忌严寒、忌涝、忌阴湿，过于干燥、干旱地区也不宜栽培。在土层深厚、肥沃、排水良好的土壤栽培生长良好。吴茱萸生长快，第三年着果，第四年进入盛果期，植株寿命 10～20 年，是一次种植多年受益的药材。

三、栽培及管理技术

（一）苗木繁殖

吴茱萸系异花授粉植物，常因授粉不全，影响种子发育。种子日晒后，容易失去发芽力，故多用无性繁殖，主要有根插和枝插。

1. 根插

2—3 月选生长旺盛根系发达的 4～6 年的健壮植株做母株，刨开树干周围泥土，切断笔杆粗的部分侧根（不宜取过多，否则影响母株生长），把它分成数段，每段长 13～20 cm，作为插穗进行育苗。苗床选土质肥沃，排水良好的地方做成 100～130 cm 宽畦，按 16 cm 行距开沟，株距 10～13 cm，将插穗插入沟内 10～13 cm 深，覆细土、耙平，防积水烂根，浇少量清粪水，盖草保温、维持湿度，以利于发芽。1 个月后长出新芽，浇 1 次稀粪水，以后视苗情再追肥，及时除草。一年后春季移栽，2～3 年开花结果。挖根时应分散采集，采根不能超过一半或整条根全挖。每株母树只能采挖 1 年、休整 1 年，否则，母树易衰退。挖根后，注意对母树追肥、浇水、培土，使之恢复树势、生长新根。

2. 枝插

选择生长良好的母树，于 2—3 月植株萌芽前，选 1～3 年生长势旺盛、发育充实、无病虫害的健壮枝条剪成 20～30 cm 长的段，每段有 3 个芽，枝条上端剪平，剪口距顶芽 2～3 cm，下端剪成 45°倾斜面，剪口保持干净平滑，每 50 根枝条扎成一捆，然后用 100 mg/L 速效生根灵浸泡扦插枝条 12 h，浸泡枝条基部长度为 2～4 cm，按行株距 25 cm×15 cm，将插条的 2/3 斜插入土（禁倒插），插后覆土压紧，浇水遮阴，保持土壤湿润。

3. 苗期管理

苗高 20～25 cm 时，要结合锄草松土及时追肥，每亩施尿素 5 kg，不宜过浓，以免烧苗，一年后移栽。

（二）栽植技术

1. 选地整地

初冬选择疏松、肥沃、排水良好的沙质土壤作扦插苗床，深翻后施入草木灰。然后，翻耕土壤，耙细整平，做成长 5～8 m、宽 1.3 m、高 0.3 m 的苗床，用细孔喷水壶洒水湿润床面待插，栽植地宜选择向阳的缓坡地成片栽植，也可在田边、地角、房前屋后、庭院周围零星种植。

2. 移栽定植

冬季落叶后到翌年春季萌芽前均可定植，但以早春定植较好，成活率高。成片栽培，株行距 2.7～3.3 m 见方；利用零星空地种植，株行距以 2 m×3 m 为宜，定植时，先开穴，穴宽 50～60 cm，深 50 cm，穴中施堆肥 5～10 kg，填细土 5 cm 左右，然后将幼苗根系理顺，置于穴中，再覆细土踏实，浇透定根水，栽后根据天气情况，浇水 1～3 次，以保证成活率。在定植后的前几年，植株小，株间空隙大，可间种豆类、花生、芝麻、蔬菜、菊花、益母草等。

（三）田间管理

1. 中耕除草

定植后，春、夏、秋季浅锄草，抑制杂草生长，加深活土层，每年冬季进行一次深中耕，成片栽培与其他作物间作套作的，可结合作物锄草、松土进行。

2. 科学施肥

早春植株萌芽前施一次腐熟的有机肥，施肥量随树龄而定，三年生植株每株施有机肥 3～

5 kg，在距植株 45～50 cm 处开环状浅沟施下，并覆土，以后结合套种作物进行追肥；冬季（植株落叶后）追施一次堆肥（或河泥、人畜粪等）15～20 kg 加适量草木灰等，并培土防冻。未套种的或零星栽培的，可结合冬、夏锄草松土施肥，每株施有机肥 2～3 kg，火烧土灰 2.5 kg，然后覆土即可。开花前后，每株增施过磷酸钙 1～1.5 kg，草木灰 2 kg 左右，可减少落果，促进果实饱满。

3. 合理整枝

（1）幼树修剪。在树高 80～100 cm 时剪去主干顶部，即称“打顶”，促使侧枝均匀生长，并选留 3～4 个不同方位的健壮枝条培育成主枝，翌年夏季在主枝叶腋间选留 3～4 个副主枝，培养良好树形。

（2）成年树修剪。多在冬季进行，有疏删和短截两种。疏删，主要剪除过密枝条，同时剪去病虫弱枝、下垂枝，保留芽苞饱满的粗壮枝条，形成内疏外密的树形。短截，是把那些生长势过强的枝条给剪短，以抑制过度生长，保持树体均衡美观。

（3）老树更新。老树生长衰退，产量低下，利用价值低，但其根部往往多有幼苗生长，此时，可以砍掉主干，适当对根部新生幼苗修剪管理以取代老树。

（四）病虫害防治

1. 病害

（1）煤病。又称煤污病，该病 4 月上、中旬开始发生，5—6 月为害严重，在生长郁闭的情况下，由于蚜虫、介壳虫在树干为害，诱发不规则的黑褐色煤状斑。后期叶片和枝干上覆盖厚厚的煤污层，影响光合作用和呼吸作用，使树势衰退，开花结果减少，严重影响产量。

防治方法：清除杂草，消除害虫越冬场所，整枝修剪，做到通风透光，减轻发病。蚜虫和介壳虫发生期喷洒 10%吡虫啉可湿性粉剂 2 000 倍液，每隔 7 天喷 1 次，连喷 2～3 次。煤污病发病期喷 1∶0.5∶（150～200）波尔多液，或 50%多菌灵可湿性粉剂 800～1 000 倍液，每 10～14 天喷 1 次，连喷 2～3 次。

（2）锈病。该病主要为害叶片，5 月中旬发生，6—7 月为害严重，发病初期叶片上出现黄绿色、近圆形、边缘有不明显的小病斑，后期叶背形成橙色突起的疮斑（夏孢子堆），孢斑破裂后散出橙黄色夏孢子。叶片上病斑逐渐增多，引起叶片枯死。

防治方法：及时清除病枝残叶并集中烧毁，适当增施磷、钾肥，促进植株生长健壮。发病期间用 29%石硫合剂水剂 100 倍液或 25%粉锈宁可湿性粉剂 1 000 倍液喷洒，间隔 7～10 天喷 1 次。

2. 虫害

（1）褐天牛。幼虫从树干下部 30～100 cm 处或在粗枝上蛀入其茎干中，咬食木质部，形成不规则的弯曲孔道，使内部充满蛀屑，每隔一定距离开通气孔和排泄孔，将蛀屑等排出孔外。常于 7—10 月在距地面 30 cm 以上的主干上，出现唾沫胶质分泌物、木屑及虫粪。该虫害为害严重，病株可枯死。

防治方法：在幼虫蛀入木质部后，见树干上有新鲜的蛀孔，可用钢丝刺杀；或用药棉浸渍 22%噻虫·高氯氟悬浮剂塞入蛀孔，用泥封口，毒杀幼虫。成虫产卵期，用硫黄粉 1 份、生石灰 10 份、水 40 份拌成石灰浆，涂刷树干，可防止成虫产卵。

(2)凤蝶。其幼虫为害幼芽、嫩叶，使植株出现缺刻或油孔，以 5—7 月为害最严重，3 龄后幼虫食量增大，能将幼枝上大量叶片吃光而成秃枝，从而严重影响吴茱萸生育及开花结果。

防治方法：在幼虫低龄期用 90%晶体敌百虫 1 000 倍液，每隔 5～7 天喷 1 次，连续喷 2～3 次，在 3 龄以后，用含菌量为 100 亿/g 的青虫菌粉 300 倍液喷雾，每隔 5～15 天喷雾 1 次，连续喷 2～3 次。

四、采收与初加工

(一)采收

吴茱萸定植后 2～3 年后开花结果，于 7—9 月果实心皮由绿色转为橙黄色但尚未开裂时，即可采收，应选择晴天早上或上午将果穗成串剪下，轻采轻摘，避免震动落果。采果时，注意保护枝条，不要将结果枝剪下，以免影响第二年开花结果，一般 3 年树龄的每株可收干果 2～3 kg，6～20 年树龄的每株可收干果 3～5 kg。

(二)初加工

采回的果实应及时摊开晒干，切勿堆放，采摘后如遇阴雨天气，可将果实用烘床(温度控制在 60 ℃以内)烘烤干燥，以防霉烂变质。

果实采摘干燥后，可用人工方法搓揉，使果实与果柄分离，筛除果柄、杂质，装入麻袋，置于干燥通风处贮藏。

(三)质量标准

吴茱萸收获的产品果实呈五角状扁球形，直径 2～5 mm。表面呈暗黄绿色至褐色，粗糙，有点状突起或凹下的油点。顶端有五角星状的裂隙，基部残留被有黄色茸毛的果梗；质硬而脆，横切面可见子房 5 室，每室有淡黄色种子 1 粒。无枝梗，籽粒饱满，干燥未裂，气芳香浓郁，味辛辣而苦。

信前胡

一、概述

前胡为伞形科植物白花前胡的干燥根。性微寒，味苦、辛。具有降气化痰、散风清热的功效。用于风热头痛、痰多咳喘、上呼吸道感染、胸膈胀闷、呕逆等症。药理研究表明，前胡具有降压、抗心衰、抗心脑缺血和抗癌作用。“信前胡”为前胡的道地药材，以根条粗壮、柔软、皮黑肉黄、气味香浓等特点而著称，主要分布在江西上饶的上饶县五府山、玉山、广丰、婺源、德兴、弋阳等地。前胡含挥发油，成分主要有白花前胡甲、乙、丙、丁素，川白芷内酯等。香豆素类化合物是前胡的主要活性成分，主要集中在根部。信前胡香兰素相对含量为1.75%，其他产地前胡饮片无此特殊成分，这便是信前胡的“气香味浓”，即认定其为道地药材的重要依据。

二、形态特征及生物学特性

(一)植物形态

信前胡为多年生草本，高1～2 m，根粗大，圆锥形，有分枝，根头处存留多数棕褐色枯鞘纤维。茎直立，单一，圆柱形，表面具浅纵沟纹，上部分枝，被柔毛。基生叶有长柄，柄长6～24 cm，基部有宽阔叶鞘；叶片坚纸质，三角状宽卵形，三出式1～2回羽状分裂，下部第一回羽片有柄，末回裂片菱状卵形，基部楔形，顶端裂片基部下延呈翅状与侧裂片相汇合，边缘具密锯齿。茎上部叶逐渐退化，至顶部成为仅有3裂，甚至不裂的细小叶片，叶鞘膨大成兜状。复伞形花序顶生，总伞梗12～20枚，总苞片1～2片，卵圆形。小总苞片数片，披针形。萼齿5枚，花瓣广卵形至近圆形，白色，有1条中肋。雄蕊5，子房无毛，花柱2，极短。果实卵状椭圆形。

(二)生物学特性

信前胡喜冷凉湿润的气候，多生于海拔100～1 500 m的山区向阳山坡具有一定荫蔽度的地块，以海拔400～600 m为佳，山场坡度以20°～30°为宜，大于45°易被雨水冲刷。土壤以土层深厚、疏松、肥沃的夹沙土为好。温度高且持续时间长的平地，无一定荫蔽度、易积水的地，会影响植株根部生长，植株易开花，根部易木质化；荫蔽过度、排水不良的地，植株生长不良，且易烂根；质地黏重的黄泥土和干燥瘠薄的河沙土均不宜栽种。

信前胡为宿根植物，宿生根3月初子芽萌动，至中旬出苗，4—5月为营养生长盛期，5月下旬开始抽薹孕蕾，6—7月为开花盛期，8—9月果实成熟，当年繁殖苗生长期比宿生植株要长。

三、栽培与管理技术

(一)种苗繁殖

信前胡的繁殖有两种方式，即种子繁殖和根繁殖。根蘖苗(由根部潜伏芽恢复分生能力后产生）如果管理控制不力，当年即可抽薹开花结果，主根随之木质化并逐渐腐烂而无药可收，而种子发芽率较高，因此一般采用种子（果实）繁殖。果实一般 9—10 月成熟，果实呈黄白色时，用剪刀连花梗剪下，放于室内后熟一段时间，然后搓下果实，除去杂质，晾干贮存备用。贮藏时切忌堆垛过大，并应不时翻动，以免发热烧坏种子。

（二）栽培技术

1. 选地整地

小面积种植可选择阳光较充足、土壤湿润而不积水的平地（平地宜做畦并开排水沟）或坡地（坡度小于 45°）栽种，并采用人工荫蔽方式（遮阴网或高秆作物套种）；大面积种植建议在疏林下套种，最好是在头年冬季，将地面上的前作枯落物及杂草深翻入土让其越冬。每亩施入腐熟的有机肥 2 000 kg 或复合肥 50 kg 后再翻 1 次土，除去杂草，耙细整平。

2. 适时播种

（1）冬播。信前胡种子发芽适温为 10～15 ℃，最好在 11 月上旬开始至次年 1 月下旬播种，此时播种出苗早，抗逆性强。将种子均匀撒于畦面，然后用竹帚轻轻扫平，使种子与土壤充分结合。播种量一般为 2～3 kg/亩。

（2）春播。信前胡也可 2—3 月春播，一般需要 15 天以上发芽，最迟不宜晚于清明，过迟则气温过高，出苗难，幼苗出土后真叶易被灼伤，造成成片死亡。必须在 3 月上旬前播种完毕，采用穴播，在畦上以 25 cm 见方开穴，穴深 3 cm 左右。将种子拌匀火土灰撒在穴内，然后盖一层土或草木灰，以不见种子为度。最后盖草保墒以利于苗整齐，发芽后揭去。每亩用种量 1.5～2 kg。

（三）田间管理

1. 中耕除草

中耕除草一般在封行前进行，中耕深度根据地下部生长情况而定。苗期中药材植株小，杂草易滋生，应勤除草。植株生长茂盛后不宜用锄除草，以免损伤植株，可采用人工拔草。一般除草 2～3 次，第一次于 4 月底至 5 月中旬幼苗长到 5～6 cm 高时进行，第二次于 6 月中旬到 7 月上旬进行，第三次于 7 月底至 8 月初进行，通过 3 次除草，可保证前胡植株的正常生长。

2. 合理施肥

信前胡的生长大致可分为三个时期，苗期为 3 月至 5 月上旬，5 月中、下旬至 8 月为植株快速生长期，9—12 月为产量形成期（根重迅速增加）。整个过程一般需施肥三次：播种前整地时施基（底）肥，7 月下旬施促根肥，9 月份施壮根肥。每次每亩施腐熟有机肥 1 000～2 000 kg 或者复合肥 20～30 kg。施肥时注意不要伤及叶、根。幼苗期至 7 月中旬不宜追肥，以免植株当年即抽薹开花，根部木质化而影响产量。

3. 折枝打顶

信前胡一般都要在第二年开花结果，信前胡一旦开花，根部木质化失去营养，俗称“公子”，不能药用，因此，减少开花率成为提高产量和质量的重要措施。一般打顶时间在 3 月底至 4 月初，当信前胡植株长到 20～30 cm、花茎形成时，结合第一次中耕除草，除保留基生叶外，从基部折断花茎；对一年生生长过于旺盛的植株，可在 6 月中旬进行，经过折枝打顶后的信前胡较未开花植株长得粗壮，产量也大幅度提高。

(四)病虫害防治

信前胡栽培当年较少发生病虫害，第二年则可能受到多种病虫害的侵袭。病害主要是根腐病，虫害以蚜虫、蛴螬最为常见。

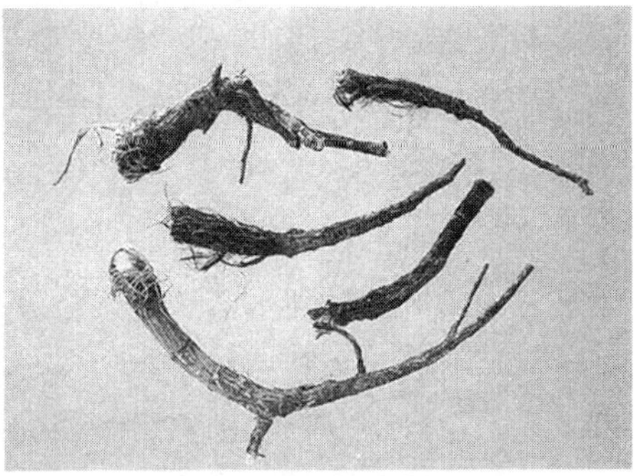

(1)根腐病。发病后叶片枯黄，生长停滞，根部发黑或呈褐色，水渍状，逐渐腐烂，最后枯死。低洼积水处易发此病。

防治方法：及时疏沟，不留积水；发现病株，拔除烧毁，并用生石灰进行土壤消毒，同时可选用 50%多菌灵可湿性粉剂 800 倍液，70%甲基托布津乳油 1 000 倍液或 98%恶霉灵可溶性粉剂 4 000 倍液浇淋消毒根部土壤，防止病菌蔓延。

(2)蚜虫。主要为桃蚜、胡萝卜微管蚜等，为害幼嫩叶片、茎、花等，还能传播某些病毒，影响植株发育、生长和结实等。

防治方法：可选用 10%吡虫啉可湿性粉剂 1 500 倍液喷雾，5～10 天 1 次，连续 2～4 次。7 月底以后不宜用药，可以利用瓢虫等天敌加以控制，还可利用物理方法如黄板诱杀等。

(3)蛴螬。主要为暗黑鳃金龟、铜绿丽金龟等幼虫，咬食嫩茎、根部等，使植株逐渐黄萎，严重时枯死。

防治方法：冬季深翻土地，清除杂草，消灭越冬虫卵；不使用未腐熟的有机肥料，避免虫卵混入种植地；可设置黑光灯诱杀成虫；可利用异小杆线虫科、大黑臀钩土蜂或苏云金杆菌等进行生物防治；还可用 50%辛硫磷乳油 1 000 倍液，拌麸皮等饵料配成毒饵，施于沟内，诱杀幼虫。

四、采收与加工技术

信前胡在野生状态下为 2～4 年生植物，多数于 3～4 年进行生殖生长，随之衰老死亡；在栽培情况下，多数于第二年即抽薹开花，根部随之养分耗尽、质地变硬、气味寡淡，并逐渐空心腐烂。所以信前胡采收应在栽培当年秋季 11 月份进行，先割去枯残茎，挖出全根，除净泥土晾 2～3 天，至根部变软时晒干即成。鲜折干率约 3∶1，一般亩产 300～400 kg，高产的可达 500 kg。另外，信前胡每年收获时，挖断的细根须第二年也可萌发新株而且生长得较种子撒播苗粗壮，产量也高，所以可在收获时有意将须根挖断留在土中，待来年播种时，每亩只需 0.5～1 kg 种子就可以了，既减少了用种量，又可提高产量。

药材以麻袋、编织袋等包装，置阴凉干燥处，注意防霉、防蛀。注意杀虫剂要置于包装之外，不能与药材直接接触。

江香薷

一、概述

香薷是唇形科香薷属植物，以干燥带花的地上部分入药。味辛，微温。归肺、胃经。有发汗解表、祛暑化湿、利水消肿、温胃调中之功效。主治夏月感寒饮冷、头痛发热、恶寒无汗、胸痞腹痛、呕吐腹泻、水肿、脚气等症。全草含挥发油，具有广谱抗菌作用。

香薷在辽宁、河北、山东、河南、安徽、江苏、浙江、江西、湖北、四川、贵州、云南、陕西、甘肃等地均有种植。生长于海拔达 3 400 m 的路旁、山坡、荒地、林内、河岸。江香薷为香薷的一种类型，在江西宜春和新余一带有种植传统，是江西分宜道地药材。

二、形态特征及生物学特性

植株直立，株高 30～80 cm，分枝多数，茎挺直或稍呈波状弯曲，长 30～50 cm 或更长，直径 1～3 mm，基部紫红色，上部黄绿色或淡黄色，有时可见根及支根痕，茎方柱形，节明显，节间长 4～7 cm，叶对生，稍皱缩，暗绿色至灰绿色，背面稍浅，披针形，生长后期叶多碎落。花期 6—9 月，穗状花序，花序长 2～6 cm，直径 1～2 cm，花梗生自叶腋，其顶端具穗状花序、花萼宿存，钟状，灰绿色至淡紫红色，苞片脱落或残存，全体被白色柔毛，尤以花部较稠密。果期 7—11 月，成熟籽粒圆珠状，黑色。江香薷干燥植株质脆易碎，茎折断面纤维性，气清香，味凉而微辛。

江香薷种子采收后放通风干燥处能保持一年正常发芽，若在低温干燥条件下贮藏寿命可延长 2～3 年。种子发芽适温为 18 ℃左右，在生产上，土壤水分适宜，气温在 15～18 ℃，播种后 10～15 天出苗。

江香薷在生长过程中，喜阳光充足、温暖、湿润环境，最适生长温度在 25～28 ℃，幼苗生长比较缓慢，尤其是春播地温比较低的时候，从出苗长到株高 10 cm 需 30 余天，夏播出苗至长到 10 cm 需 20 余天，随着气温逐渐升高，生长逐渐加快，6—8 月是生长旺期，也是需水需肥较多、有效成分积累的季节，种子将要成熟时停止浇水。

江香薷适应性较强，一般土壤都可种植，但以肥沃的黏质土或红壤土、保水力强的土壤生长较好。幼苗怕盐碱、怕积水、怕干旱，成苗水肥过大时遇风容易倒伏。

三、栽培与管理技术

（一）种苗繁殖与栽植技术

1. 选地与整地

江香薷适应性很强，对土壤要求不严格，一般土壤都可以栽培，但碱土、沙土不宜栽培。怕旱,不宜重茬,前茬以谷类、豆类、蔬菜为好。以选择质地疏松、避风向阳、排水良好的砂壤土种植为宜,丘陵坡地质地疏松的红壤也可种植。种植前先行翻耕土壤使其充分风化,根据土壤类型与肥力状况每亩施有机肥 1 000 kg 作基肥,土地深翻 15～20 cm,耙细整平,做成宽 120～150 cm、高 12～15 cm 的畦,畦沟宽 30 cm 左右,畦面呈龟背形,每亩施用 20～30 kg 钙镁磷肥撒于畦面,再用畦沟碎土将其盖于畦面。由于种子很小,畦面要整平耙细。

2. 选种与留种

选无病害的健壮植株保留到 9—10 月,当上部花序的种子已经成熟,下部开始落地时收获。最好选晴天早晨,带着露水收获,种子不易掉落。将拔出的植株切去根部,运回放置在水泥晒场或晒垫上晒 3～5 天,八成干时,用小棒敲打穗部使种子脱落,扬净杂质,晒干贮藏。

3. 播种及育苗移栽

直播一般在 4 月上旬,条播,按行距 30 cm 开沟,深约 3 cm,将种子与草木灰拌匀,均匀播入沟里,覆土 1.5 cm,轻轻镇压。每亩播种量 0.5～0.75 kg,两周左右出苗。苗高 4～7 cm,按株距 20 cm 定苗。6 月每亩追施 5 kg 氮肥 1 次,施后浇水。也可按株行距 30 cm×20 cm 点播,每穴播种 2～3 粒。

育苗移栽,一般在 3 月上旬撒播育苗,在苗高 10 cm 时移栽,按行距 35 cm、株距 20 cm 进行移栽,建议采用地膜覆盖的方式,以便防止杂草的滋生,减少除草的人工投入,该方式要求栽前施足基肥,每亩施三元复合肥 30 kg。

(二)田间管理

江香薷出苗后,须及时间苗,间密留稀,间弱留强。一般当苗高 5 cm 左右时进行第 1 次间苗,以后依生长状况再进行 2～3 次,苗高 10 cm 时进行定苗。露地栽培江香薷,整个生长期需要中耕除草 4～5 次,出苗后要及时拔草,见草就拔,防止杂草与江香薷争夺养分,注意不要伤及根系。除草结合中耕松土,促进幼苗根系的生长。江香薷生育期较短,应及时追肥,在施足基肥的基础上,待苗高 5～10 cm 时进行第 1 次追肥,每亩用尿素 5 kg;半个月后施第 2 次肥;第 3 次施肥于开花前进行,每亩用尿素 8～10 kg,撒于畦面,或将尿素溶于水中浇施,每 100 kg 水用尿素 5 kg。以后视苗生长状况,适当追施肥料。江香薷喜湿,又怕积水,幼苗期水分不宜过多,如降水量过大,应及时开沟排水,避免田间积水。江香薷开花前后是需水量最多的时候,如遇一周以上干旱,应适当灌水,以保障水分供应充足。

(三)病虫害防治

1. 根腐病

(1)发病现象。在根部和根茎部发生,发病初期,根部和根颈部出现褐色斑块,逐渐扩展,主根和茎基部变成黑褐色。发病后期,植株下部叶片萎缩变黄枯死,并逐渐向上发展。病原为半知菌门镰孢霉属。以菌丝在病残体或土壤中越冬,4 月开始发病,5 月为盛期,通过雨水或灌溅水再侵染。

(2)防治方法。采用“预防为主,综合防治”的农业综合防治措施。首先加强栽培管理,选择地势高燥、排水条件良好的地块种植;铲除杂草,集中烧毁或深埋处理,以减少菌源;雨季做好清沟排水,防止积水,降低田间湿度;发现病株及时拔除,补栽健株,并在病穴内施入石灰消毒,必要时可以换入新土,以防蔓延。药剂防治可用50%多菌灵可湿性粉剂或30%恶霉灵水剂按推荐浓度喷雾或浇灌病株,每隔7～10天喷1次,连续喷2～3次。

2.小地老虎

(1)发病现象。以幼虫为害,低龄阶段在香薷幼苗嫩叶上取食,咬成凹斑、孔洞、缺刻。幼虫3龄后潜入土表,咬断嫩茎,使幼苗萎蔫死亡,造成缺苗。一年可发生6～7代,每年2月中、下旬开始出现,3月中、下旬和4月上、中旬出现两个繁殖高峰期,4月下旬至5月上旬为危害高峰期,6月下旬以后成虫开始羽化,田间害虫逐渐减少。

(2)防治方法。早春或药材收获后,及时清除田间杂草,可减少越冬幼虫和蛹的数量。幼虫盛发期,在可利用泡桐树叶(老叶和大叶最好),用清水浸泡后,傍晚放在田间,每亩均匀放置70～80片叶,叶面朝下,晨起可诱集到大量小地老虎幼虫;成虫盛发期可利用黑光灯或频振式杀虫灯、性诱剂等,或糖醋液(糖∶醋∶白酒∶水∶药剂＝6∶3∶1∶10∶1,药剂可选用90%晶体敌百虫)诱杀成虫。在1～2龄幼虫期,及时铲除田间杂草,减少幼虫早期食料;在3～6龄幼虫为害期,早晨到田间检查,发现新萎蔫或咬断的幼苗,可扒开表土人工捕杀幼虫。在幼虫低龄阶段用50%辛硫磷乳油1 000倍液、90%晶体敌百虫800倍液进行喷雾,用药液量为75 kg/亩,每隔7～10天喷1次,连续2～3次。苗期害虫猖獗为害时,可用48%毒死蜱乳油0.05 kg/亩加水40～50 kg或10%吡虫啉可湿性粉剂0.025 kg灌根,每隔8～10天喷1次,连续2～3次。另外,土壤处理可用50%辛硫磷乳油或48%毒死蜱乳油,按照药剂∶水∶细土＝1.5∶7.5∶300的比例,做成毒土,傍晚顺垄撒施于幼苗根际附近;或用90%晶体敌百虫或50%辛硫磷乳油20～50 g/亩,加适量水,拌入碾碎炒香的麦麸或豆饼等饵料2～5 kg,做成毒饵进行撒施,防治效果较好。

四、采收与加工技术

春播于8—9月采收,当江香薷生长到开花盛期时采收,其挥发油含量最高。割取地上部分,置于通风干燥的干净场地上阴干,捆扎成小捆。药材以叶片肥厚、香气浓郁、色绿质嫩、花穗多者为佳。

采收后除去残根和杂质,立即晾晒或阴干,以阴干为优。江香薷传统切制工艺为:用3倍量水淋润软化1 h,切制成1.0 cm的小段,50～60 ℃烘干。优化的江香薷产地加工炮制一体化工艺为:趁鲜切制成1.0 cm的小段,50～60 ℃干燥36 h,能更好地保持有效成分。

蔓荆子

一、概述

蔓荆子别名京子、万京子、水捻子、白背木耳、白布荆、白背杨等，为马鞭草科植物单叶蔓荆或蔓荆的干燥成熟果实。味辛、苦，性微寒，有疏散风热、清利头目的功效。用于风热感冒头痛、齿龈肿痛、目赤多泪、目暗不明、头晕目眩。现代用于治疗头痛、头晕、两目胀痛、眶上神经痛、肌肉神经痛等。主要分布在江西、福建、浙江等地，其中江西蔓荆子主产于鄱阳湖滨、星子、都昌、新建、永修、南昌、樟树等地。

二、形态特征及生物学特性

(一)植物形态

单叶蔓荆为灌木，高约 3 m。小枝四棱柱形。单叶对生；叶倒卵形或卵形，长 2～5 cm，宽 1.5～3 cm，先端钝圆，基部阔楔形，全缘，上面绿色，具短毛和腺点，下面灰白色，密生茸毛和腺点；叶柄短。聚伞花序，顶生，长 3～6 cm，宽约 2 cm，花萼钟状，外面密被灰白色茸毛，先端 5 齿裂；花冠淡紫色，管状，长 1～1.5 cm，顶端 5 裂，中间裂片最大；雄蕊 4 枚，伸出冠筒外，花药“个”字形分叉；子房球形，密生腺点，花柱外伸，柱头 2 裂。核果球形，直径 5～7 mm，熟后黑色，有增大的宿存花萼包被。花期 7—8 月，果期 8—9 月。

(二)生物学特性

单叶蔓荆喜充足的阳光，较耐旱，幼苗期怕涝。对土壤要求不严，耐盐碱性较强，凡土质疏松、不积水的沙滩荒地、轻盐碱地均可栽种。在酸性土中生长不良。单叶蔓荆是防沙化植物。

三、栽培与管理技术

(一)选地整地

选沙滩荒地，不必耕翻整地，可直接挖穴移栽。除育苗地外，不用做畦。育苗选细沙地，每亩施有机肥 1 500 kg，捣细撒于土内，深耕 21～24 cm，耙细整平，做 90 cm 宽的平畦，地旱时灌水，待水渗下、表土稍干时播种。

(二)繁殖技术

可用种子、扦插、分株等方法繁殖。一般以扦插繁殖为主。

1. 种子繁殖

秋季摘取成熟的果实,用湿细沙拌匀(果实:细沙=1:2),堆放在阴凉通风室内,翌年清明至谷雨之间取出播种;或播种前,选成熟果实在石板上搓去外皮,然后放到40 ℃左右的水中浸泡一昼夜,捞出稍晾,将种子撒于沟内荡平,上边用草覆盖。若土质干旱,随即浇水,保持湿润,40天左右幼苗即可出土。幼苗出土后去掉畦面盖草,旱时浇水,保持地面湿润,以利于幼苗生长。每亩用成熟的果实5~8 kg。当年春季育苗,如管理得好,幼苗一般能长到30 cm左右,秋后即可移栽。如长势不好,可第二年夏、秋移栽。移栽方法与分株繁殖法相同。

2. 扦插繁殖

在立秋到处暑之间,选阴雨天(要求土地湿润),按行距90 cm、株距60 cm,挖18~21 cm深的窝。选1~2年生蔓荆子枝条,剪成30 cm左右长,斜立着埋于窝内填平踩实。每窝栽2~3棵。深度以地下埋2/3为宜。如遇天旱,应及时浇水,以利于成活。

3. 分株繁殖

春、夏季都可进行。春季在清明前后,夏季在阴雨季节。将多年生老墩分出一部分,分株后带根栽在整好的地里。每墩栽2~3株。深度,行、株距与扦插法相同。栽时每窝施土杂肥1~1.5 kg,与土混匀,以利于生长。注意浇水,保持湿润,容易成活。

(三)田间管理

1. 中耕除草

栽后1~2年,植株矮小,应注意中耕除草,以利于幼苗生长。一般每年锄草3次,即4月、6月、8月各锄1次即可。

2. 追肥

栽培第一年施足基肥,一般不用追肥,从第二年起,每年追肥二次,第一次在立夏前后,每亩用有机肥1 000~2 000 kg,在株旁开浅沟施入;用土盖严,施肥后浇水,促使植株生长;第二次施肥在"立秋"前后,除用土杂肥外,适当配合磷肥,促使果实成熟。

3. 防旱排涝

蔓荆子幼苗期或移栽后不久,要保持土质湿润;生长1~2年后,根已下伸,耐旱力较强,一般不用常浇水。蔓荆子怕涝,地内不可积水,否则会造成落花落果,降低产量。

4. 修剪更新

冬季落叶后,将枯枝、病虫枝、衰弱的老枝剪去,搬出园外,集中烧掉。对多年生长势衰弱的老株,齐地面全部铲去,使其再发新枝。更新后增施肥料,促使新枝条健壮成长、多结果实。

（四）病虫害防治

1. 烟霉病

病原菌为一种真菌，为害蔓荆的枝叶或幼果。其黑色菌丝体寄生在植株的表面形成黑色霉层，阻碍光合作用，使蔓荆的枝叶失去功能，影响生长发育，以致植株停止生长。

防治方法：①保持良好的通风环境。②发现蚜虫、介壳虫为害时，立即喷杀虫剂除之。③雨后及时排水，防止湿气滞留。

2. 叶斑病

蔓荆子叶斑病主要为害叶片、叶柄、茎部，发病时叶片出现圆形的病斑，逐渐扩大成不规则形病斑，病斑中间还会产生轮纹，逐渐由红褐色转变为黑褐色，当病斑蔓延整个叶面时，叶片完全失去光合作用。此病病菌一般在病残体上越冬，翌年借助风雨侵染寄主，在 8—9 月发病较严重，此外连作、种植密度大、通透性差的田块都易发生。

防治方法：发病时及时将病叶摘除；选地势高燥处种植；秋季收果后，清洁田园；为了防止病害蔓延，发病前可以喷洒 70%甲基托布津乳油 1 000 倍液、80%代森锰锌可湿性粉剂 600～800 倍液、1∶1∶100 的波尔多液等药剂防治，要注意药剂交替使用，以免病菌产生抗药性；发病初期用 80%代森锌可湿性粉剂 500 倍液、75%百菌清可湿性粉剂 800 倍液、50%腐霉利可湿性粉剂 1 000～1 500 倍液于开花前喷雾。

3. 刺毡介壳虫

以雌虫为害，繁殖力很强，4 月中旬开始发生，生虫后蔓延很快，吸取茎枝与叶脉上汁液，使蔓荆脱水而枯焦，造成大量的植株成片受害。

防治方法：在初龄若虫期，用 29%石硫合剂水剂 100 倍液喷杀；七星瓢虫、异色瓢虫是介壳虫的天敌，在受害区保护瓢虫或放养瓢虫均有利于控制介壳虫的发展和为害；在发生虫情初时，可将被害植株及周围 2 m 以内的植株全部砍掉，并立即烧毁，控制蔓延。

4. 吹绵介壳虫

一年发生 2～3 代，以若虫和雌成虫在枝条上越冬，第二年 3—4 月开始产卵，5—6 月为害严重。以若虫分散在幼枝、嫩叶、幼果上为害。受害植株叶片呈黄色斑点，茎秆麦皮粗糙，龟裂，果实干缩，整个植株长势衰弱，甚至枯死。

防治方法：采取农业综合防治，清除地内杂草和枝叶，使田间通风透光，能减轻虫害；冬季喷 29%石硫合剂水剂 100 倍液，杀死越冬虫。

四、采收与加工技术

（一）采收

一般于 8—10 月成熟时采摘。应分期分批采收、当果实由绿色变成灰褐色时即可采摘。一般以手抓住果穗的下部向上拉，使其成熟的果实落入容器中；对于落入沙地的果实，可用筛子筛出。蔓荆的花期和果期交错出现，采摘时避免打掉花朵和幼果，切勿将幼果与成熟的果实同时采下，以免影响质量。

（二）加工

将采回的蔓荆子直接晒干，一般要晒4～6天，以晒至全干；也可白天暴晒，晚上堆积，连续3天后再晒至全干。然后将干燥的蔓荆子扬去叶片，除尽杂质，装入麻袋或其他包装内，存放于干燥处保管。

（三）产品质量标准

蔓荆子以身干、籽粒饱满、无杂质、无霉变为合格；以粒大、饱满、气味浓者为优质。

艾

一、概述

艾，属菊科蒿属多年生草本植物，别名艾草、艾蒿、艾叶、香艾、灸草、医草、野蓬头、草蓬等。艾全草入药，有温经、去湿、散寒、止血、消炎、平喘、止咳、安胎、抗过敏等作用。可用于治疗月经不调、经痛腹痛、流产、子宫出血、风湿性关节炎、哮喘、虚寒胃痛、口腔溃疡、咽喉肿痛、牙周炎、中耳炎、腮腺炎、流感等多种疾病。艾叶晒干捣碎得艾绒，可制艾条供艾灸用。

艾草可食用，早春采摘其鲜嫩的叶芽经沸水焯过水浸后加工制作“清明果”、蒸饼、菜团、饺子等，有特殊清香，营养丰富、清嫩味鲜，也可将嫩叶芽剁碎用于炒蛋，与糯米粉、红糖混合后做成艾糍有清凉滋补的功效，也可用艾草煮蛋，以艾的嫩叶为原料加工制成艾叶茶，既具保健作用，又有特殊的清香味，且饮后无苦涩味。经常食用艾，具有健胃、促进胃分泌、增进食欲，暖宫安胎、防癌、增强免疫力、预防感冒、降血压、降血脂、滋阴补虚、益肺、润肤美容等功效，为保健型蔬菜之一。

艾草可以晒干后熏烟驱蚊，每年端午节，人们将艾草置于家中或挂在门前，用于驱赶蚊虫。

在畜禽养殖过程中添加喂饲艾草，可有效地防治多种疾病，增强畜禽体质，促进畜禽生长发育，提高饲料转化率，并降低畜禽粪便中的臭味，增进肉质风味，降低养殖成本，提高养殖效益。

艾草在水产养殖方面也得到了开发应用，在水产养殖中添加喂饲艾草具有诱食、增色、促进生长、改善品质、防治多种疾病发生等效用。

艾产品有很多。一是药用产品，如抑菌、抗病毒的膏剂、丸剂、散剂产品；二是灸用产品，如自贴艾粒、自贴艾灸、自贴美容美体灸、卵巢保养灸、肾功能灸、近视灸等；三是食用产品，如艾有机粉作为食品添加剂，生产艾面条、艾酱、艾烟、艾茶叶、艾饮料等，为饲养业开发出的艾颗粒饲料，艾草加工的下脚料也受到国内饲养企业青睐；四是工业用品，有艾香皂、艾草沐浴露、艾草精油、艾草空气清新剂等新颖的日用产品。同时，艾纤维可生产抗菌止痛的轻纺内衣、耐腐蚀壁纸、美术书法用的印泥、高档宣纸等。

我国现有的艾品种有180余种，种类繁多，主要有北艾、海艾、蕲艾、祁艾、鄱艾等，从用途上艾又分为药用艾和食用艾两种，药用艾的出绒率更高，更适合制作艾灸等药用产品；而食用艾的叶片更为肥嫩，更适合制作艾米果等食品。

艾是江西特色中药材，是江西“赣十味”中药材之一，其主要栽培区在鄱阳、永修、峡江、宜黄、渝水、新建等地。

二、形态特征及生物特性

艾为多年生草本，植株有浓烈香气。成株后主根明显，略粗长，直径达 1.5 cm，侧根多，常有横卧地下根状茎及营养枝。茎单生，高 80.0～250.0 cm，有明显纵棱，幼株绿色，成株绿色或灰黄褐色，基部稍木质化，并有少数短的分枝，叶厚纸质，茎下部叶近圆形或宽卵形，中部叶卵形或近菱形，上部叶与苞片叶羽状半裂、浅裂。

艾生长适温 12～30 ℃。每年开春地表温度达到 12 ℃以上时只需 10 天艾草根部就可发芽。各地因温度差异一年可收获 2～3 茬，收割时间 4—11 月。温度达 35 ℃以上生长发育缓慢，生长期最适温度为 15～28 ℃，产量高峰期为 4—9 月。

艾的适应性较强，田边、地头、山坡、荒地均可种植，艾在生长期耐旱不耐涝，根系发达，生长快，吸水力强，种植地保持一定湿润度即可，不能有渍水，渍水田艾草发黄、烂根，导致产量下降。过于干旱的田块要及时灌水，以利于出苗、保苗。

艾一般在 pH 为 5.5～8.0 土壤均可栽培，但在土质疏松、排水良好的砂壤土或较松的黏壤土中为最好，生长要施足底肥，适时追肥，不偏施氮肥，应增施磷、钾肥。

三、栽培及管理技术

(一)地块选择及整地

艾适应性强，喜阳光、耐干旱、较耐寒，对土壤要求不严格。但以向阳、土层深厚、湿润肥沃的缓坡地，壤质的水稻田生长为好。同时应远离污染工矿企业、交通主干道，不受工业“三废”、汽车尾气污染，空气、水源洁净，生产管理较为方便或易于改良，不受严重干旱、浸渍影响的地块。

在稻田里种植的，结合翻耕施足基肥。如在平地畈田上种植的可起垄，而在山垄田、山边田上种植的应先在环山后坎处开设防渍排水沟后起垄，起垄碎土，耥平整成 1.5 m 的垄畦即可，在缓坡旱地和山地缓坡上种植的，应依等高线整成水平梯地，清除多年生杂草、小灌木等，在园地顶部和适当位置开设围栏、避水沟后进行翻耕施肥，将其整成约 2 m 宽的水平种植带待种。

整地后施用基肥，一般每亩施 1 500 kg 有机肥，结合翻耕全层施肥。

(二)种植时间及方法

艾的繁殖方式有分株繁殖、根茎繁殖和种子繁殖等。种子繁殖出芽率低（仅为 5%左右），且苗期长达两年，生产上不采用种子繁殖，多在选种、育种工作时采用。根茎繁殖成活率高，但苗期长达两个月。分株繁殖成活率高且无幼苗生长期，繁殖速度快，适合生产上应用。选择的良种要求叶片肥厚而大，茎秆粗壮直立，叶色浓绿，气味浓郁，密被茸毛，幼苗根系发达。

1. 分株繁殖

春季种植一般在 3—4 月，秋季种植一般在 10—11 月，选取高 5～10 cm 的艾草苗（苗高超过 10 cm 的要截取 10 cm 作种苗），在雨后土壤湿润时，或浇水湿润土体后，挖取留桩蘖苗，进行分株栽种，按株行距 20 cm×40 cm 栽苗，每穴 1～2 株，栽后覆土压实，浇水保墒。

2. 根茎繁殖

生产上以根状茎繁殖为主。栽种期通常在早春，最好在芽苞萌动前，挖取多年生地下根茎，将全根挖出，选取嫩的根状茎，掰成 10～12 cm 长的节段，晾半天，栽时按行距 40～50 cm 开沟，把根状茎按株距 20 cm 平放于沟内，再覆土镇压。土壤较干的栽后应及时浇水，出苗后要及时松土、除草和追肥。

(三)田间管理

1. 中耕除草

定植后，每 10～15 天中耕除草一次，深度 15 cm，直至封垄。采收后翻晒园地，清除残枝败叶，疏除过密的茎基和宿根，深度 15 cm。

2. 追肥

栽植成活后，苗高 30 cm 时，每亩施尿素 6～8 kg 作提苗肥。每采收一茬追肥一次，一般每亩施氮磷钾复合肥 15～20 kg，每次追肥后及时浇水。最后一次采收后，结合清除园中枯枝残叶，每亩施有机肥 1 000 kg 进行一次冬季施肥，以促使艾根生长健壮。

3. 灌溉与排水

整地时将畦面整成龟背形，使排水沟通畅。干旱时，及时浇水灌溉，保持田间湿润。

来年留桩抽生萌芽成苗时，除去过密、细弱苗，再生种植 2～3 年后，再行全面翻耕栽种或轮作种植其他作物。

(四)病害防治

1. 锈病

6—8 月阴雨连绵时易发病。初期在叶背出现橙黄色粉状物，后期发病部位长出黑色粉末状物，严重时叶片枯萎脱落，全株枯死。

防治方法：加强田间管理，降低田间湿度，改善通风透光条件；发病初期可每亩用 12.5% 烯唑醇可湿性粉剂 5～6 g 兑水 50 kg 喷施，或用 43% 戊唑醇悬浮剂 1 000 倍液喷施。在收割前 20 天要停止用药，确保药材质量安全。

2. 斑枯病

5—10 月易发生。初期叶片上出现散生的灰褐色小斑点，后逐渐扩大，呈圆形或卵圆形暗褐色病斑，上有黑色小点，斑点会合后造成溃烂，致使茎干破裂，植株死亡。

防治方法：发现病株及时拔除烧毁，病穴用生石灰消毒；发病初期可每亩用 30～45 mL 的 45% 咪鲜胺水乳剂喷施或每亩用 30～60 g 的 10% 苯醚·甲环唑水分散粒剂喷施，间隔 7 天喷 1 次，连续 2～3 次。收获前 20 天停止喷药。

四、采收与加工

艾的采收，因用途不同，采收方法不一致：作食用的，采摘苗期嫩叶芽或成株期的顶部嫩芽；用于饲料添加的，不宜留养过老，一般的应在植株未现蕾前采收；平时药用的，在整个生长季节内均可采收；在生产上直接用于制取粗提物防治农作物害虫或晒干收购

的，应在植株现蕾而未开花时采收，采收地上茎秆植株，留下根茎，作翌年种株用。一般 5 月前后采收第一茬，每年收获 2～3 茬，至 11 月最后一茬收割结束。一般每茬可采收 600～800 kg/亩，全年亩产 1 500 kg 左右。

收割后的植株不宜放在烈日下暴晒，以免艾叶与茎部失水不一致，叶部过快失水而造成片叶散落，应将收获的植株摊放在较为阴凉的通风处自然风干，当植株晾干至含水量 14%时，便可打包（捆），送往收购点销售。

泽 泻

一、概述

泽泻为泽泻科多年生水生草本植物，别名水泽、天鹅蛋、如意花，成品为干燥块茎，球形、椭圆形，可加工成饮片和粉末等。泽泻为常用中药材，以干燥块茎入药，性味甘、淡、寒，归肾、膀胱经，具有清热、渗湿、利尿、降血脂及抗动脉粥样硬化、抗脂肪肝、降血压、免疫调节、抑制肾结石、抗肾炎等功效，临床用于治疗高血压、动脉粥样硬化、高脂血、肾炎水肿、肠炎泄泻、尿路感染等症。泽泻是生产附子理中丸、六味地黄丸、肾气丸、滋阴降火丸等几十种中成药的重要原料。

泽泻花薹可作蔬菜，味道可口。泽泻花薹（俗称泽泻梗）富含泽泻醇、不饱和脂肪酸和多种微量元素等，营养价值高，烹饪后清香、爽脆、口感独特，是一道营养保健的特色菜肴。每亩可产菜用花薹约 100 kg。

泽泻分布很广，我国南北各省均有栽培，栽培品种有建泽泻和川泽泻。建泽泻主产于福建、江西，有大叶和小叶两个类型。川泽泻主产于四川、广西。

江西以广昌、石城、宁都等县为主，是广昌地理标志道地药材。

二、形态特征及生物学特性

泽泻株高 40～110 cm，须根密生于块茎，叶全部基生，叶柄比较长，基部扩延成鞘状包被，叶片长椭圆形至卵形，长 4～20 cm，宽 2～10 cm，基部广楔形、卵圆形或稍心形，全缘，两面光滑，叶脉 4～8 条。花白色，3～5 轮分枝的轮生复伞形花序，两性，花茎由叶丛中抽出，分枝下有披针形或线形苞片，轮生的分枝通常再分枝，小花梗长短不等，小苞片披针形至线形，尖锐，萼片 3，广卵形，花瓣倒卵形，膜质，较萼片小，雄蕊 6，雌蕊多数，离生，心皮多数，轮生，花柱较子房短或等长，弯曲，子房倒卵形，侧扁，花柱侧生，花柱宿存，花期 6—8 月。瘦果细小多数，两侧扁平，倒卵形，长 1.5～2.0 mm，宽约 1 mm，背部有 1～2 条浅沟，熟时易散落。新鲜收集的种子，种皮为黄绿色或黄褐色，贮藏一段时间或陈年种子种皮颜色较深，为褐色或黑褐色。

地下块茎呈球形或卵形，直径 2～6 cm，表面黄白色或淡黄棕色，有不规则的横向环状浅沟纹及多数细小突起的须根痕，底部有的有瘤状芽痕。质坚实，断面黄白色，粉性，有多数细孔。气微，味微苦。

泽泻生于沼泽地，喜温暖湿润和阳光充足的气候环境，幼苗喜荫蔽，成株喜阳光、怕寒冷，生长土壤以肥沃而稍带黏性的土质为宜，通常栽培在水源充足的水田、河滩、水沟里。我国各省海拔 800 m 以下的地区一般都可栽培。宜选择靠近水源、腐殖质丰富、保水性良好、稍带黏性的土壤进行种植，持水性差或土温低的冷浸土壤不宜栽培。

泽泻全生育期 140～160 天，其中苗期 30～40 天，成株期 110～120 天。7—8 月播种后，气温 28 ℃以上时，1～2 天开始发芽，4～5 天后第 1、2 片真叶相继出土，一般在苗床培育 30～40 天苗高约 15 cm 以上时可移栽定植。12 月至翌年 1 月地上部分枯萎后采挖。泽泻喜光、忌高温、霜冻，喜土质肥沃，适宜含腐殖质丰富而稍带黏性的土壤或水稻土，沙土或冷浸田均不宜种植。忌连作。

三、栽培及管理技术

（一）种苗繁殖

生产上一般用种子繁殖。

1. 苗床准备

育苗地应选择光照充足、排灌方便、有机质含量高的田块。整地前排干水，每亩施入有机肥 1 000 kg 左右或菜枯饼 75 kg，深耕细耙，达到田平泥烂。苗床起畦，畦宽 80 cm、高约 15 cm，呈龟背形，沟宽 40 cm 左右，最后每亩施入三元复合肥 20 kg，并用钉耙搅拌使肥料与表土混合均匀，再用木板耥平床面。2～3 天后，待表层泥土稍干，再灌水浸泡苗床 1 个晚上即可播种。

一般育苗 1 亩，可大田栽种 25 亩左右。

2. 种子准备

泽泻一般应先培育种子，再育苗移栽。种子培育是将经过选择的种株挖出，用分芽繁殖或块茎繁殖另行栽培，收得成熟种子。

种子经风选，选饱满种子，播种前将种子用清水浸泡 1～2 天，晾干水，再用 40%福尔马林液浸种消毒 5 min，取出，马上用清水洗去药液，晾干备用，拌入 10 倍草木灰或细沙便可播种。

3. 播种

一般育苗用种量约为 1 kg/亩，播种期为 7 月下旬至 8 月上旬，选择阴天或晴天 16:00 后播种。播种前放干育苗田中的水，用畦沟淤泥把苗床低洼处补平后，把晾干的种子（拌草木灰或细砂）均匀撒播在苗床上，再用竹扫帚轻轻拍打苗床，将种子压入表土层，使种子与泥土黏合，以免灌水或降雨时种子浮起或被冲走。

播种后为防止蚊子幼虫及水蚯蚓（红丝虫）为害，每亩撒施 3%辛硫磷颗粒剂 2～3 kg，再用 98%噁霉灵原药 2 000 倍液均匀喷施于苗床预防病害。后在苗床上用竹片架拱棚并覆盖遮阳网，遮阳网距苗床高 50 cm 左右，以防强光伤害幼苗，棚内透光率以 55%～65%为宜，傍晚卷起四周遮阳网通风，移栽前 10～15 天拆除遮阳网炼苗。

4. 苗期管理

播种后 3～5 天内，傍晚时分灌“跑马水”，薄淹苗床，第 2 天清晨排水，仅保持畦沟内有水，利于种子发芽、长根，也可防止白天水温太高烫伤种子。幼苗出土至 3 片叶片（包括子叶），苗床应保持浅水层，以不淹没苗心为宜，下雨天要注意排水。

当幼苗长至3叶、5叶时分别进行1次人工除草、间苗，留健壮苗、除弱小苗，保持幼苗间距3 cm左右，当苗高15 cm左右、具5～6叶时取苗移栽。其间可根据幼苗生长情况喷施0.3%磷酸二氢钾液叶面追肥1～2次。

(二)栽植技术

1. 栽植田整地

泽泻种植地宜选择排灌方便、有水源保证、阳光充足、土壤肥沃、保水保肥性较强的稻田或莲子、烟草后的农田。在前作收获后翻犁，经15～20天沤田，待秸秆腐烂后，每亩施有机肥1 000～2 000 kg作基肥，再进行1～2次耙田，将田面耙平，使泥土溶烂，待浮泥沉清，即可插苗。

前作为莲田的，9月上旬将莲田水放干，留泥皮水，把已采收莲蓬节位的莲叶莲梗、无花立叶、老叶及病虫为害严重的叶片全部拔除清理掉，每亩施入有机肥150 kg、复合肥20 kg，浅耕平整，做到田平泥烂。每亩用茶籽饼粉3～5 kg或6%四聚乙醛颗粒剂0.5 kg拌15 kg细沙土，均匀撒施杀灭福寿螺。

2. 栽插时期

泽泻插秧期为8—9月。选择苗龄达35～40天、无病虫害、根系发达、5～7叶的健壮苗(外形完整、根部新鲜、不萎缩、叶绿色、有光泽)，在阴天或晴天上午起苗，起苗时要连根带泥，拔大留小，分期移栽，当天起苗当天移栽，晴天移栽宜在16:00后进行。

3. 插植规格

株行距30～40 cm，每穴1株，每亩栽苗5 000～6 000株。在移栽前，常用菜籽饼粉、草木灰等物蘸秧，以促使秧苗早返青、生长快。移栽时保持浅水层，苗要浅栽，栽正、栽直、栽稳，一般以根部栽入泥土中2～3 cm深、水不没苗心为准。同时，每移栽6～7行预留1条管理通道，宽为40～50 cm。

（三）田间管理

1. 查苗补缺

移栽后4天内进行田间检查，发现有浮苗要及时栽好，倒伏苗要扶正，缺苗应立即取苗补栽，确保全苗。

2. 科学管水

移栽后7天内，田间保持泥皮水，有条件的可灌流动水，有利于移栽苗成活。若遇大雨天气，应提前加深田间水层至7～9 cm，雨后恢复泥皮水，并做好扶苗工作。移栽7天后至花薹抽生期若遇寒潮，晴天白天可灌浅水以利于提高水温，夜间加深水层保温。11月中旬以后，逐渐排干田水，进行烤田，以利于采收。

3. 合理施肥

移栽15天后开始施肥，以后每隔15天施1次，连续施3次，肥料以45%以上的三元复合肥为主，第1次和第3次施用量均为10 kg/亩，第2次施用量为15 kg/亩。也可根据植株长势进行叶面追肥，喷施0.3%磷酸二氢钾液1～2次。

4. 除草和除侧芽

泽泻移栽生长到一定时间后，少部分植株会从基部长出侧芽，消耗养分，这时应结合除草及时抹去泽泻基部的侧芽。一般移栽25天后第1次除侧芽，45天左右再除1次。泽泻在生长期间耘田、除草、除侧芽、追肥等同一时间内连续进行。拔除的杂草和侧芽连同剥掉的黄枯叶踏入泥中。

5. 采收花薹

在第二次耘田除草后，泽泻生长进入中期，陆续抽薹开花，除留种外，应及时采收（摘除）花薹作蔬菜，当泽泻花薹露出部分达15～20 cm采收（摘除），采收时用食指沿着花薹茎秆插入基部并侧向稍用力拔断即可。采收时间以清晨为宜，采后及时上市销售。

（四）病虫害防治

优先采用农业防治、生物防治及生态防治方法控制病虫害，生产绿色无公害泽泻（花薹）。生产中，为害泽泻的病虫害主要有白斑病、蚜虫、银纹夜蛾及斜纹夜蛾。白斑病可用30%苯甲·丙环唑乳油2 000倍液防治；蚜虫可用黄板诱杀或用5%啶虫脒乳油2 500倍液防治；银纹夜蛾和斜纹夜蛾用杀虫灯或性诱剂防治，或用50%辛硫磷乳油1 000倍液或2.5%溴氰菊酯乳油400～500倍液防治。

四、采收及加工

泽泻的适宜采收期，泽泻种植后140～160天，即当年12月下旬至翌年1月上旬，大部分泽泻植株叶片变黄枯萎时采收，用手剥去枯茎萎叶，再用专用采挖刀沿地下球茎边缘须根处环割完整挖出球茎，割去多余叶茎，顶部留下中间2～3片小叶，置篾篓容器中。采挖过程避免破伤球茎，防止受冻。

块茎采挖后，洗净除去须根，立即进行暴晒或烘焙干燥，然后放入撞笼撞掉残留的须根和粗皮，使块茎光滑、呈淡黄白色即可。

球茎以个大、光滑、色黄白、粉性足者为佳。一般每亩可产干货150～200 kg。

龙脑樟

一、概述

龙脑最早记载于南北朝,距今有近两千年历史,在中医典籍中龙脑被称为天然冰片,为樟科植物樟的新鲜枝、叶经提取加工制成,具有开窍醒神,清热止痛之功效。《本草经疏》云:龙脑其香为百药之冠。

龙脑樟是中药天然冰片(芳香开窍药)的主要来源,又是高级香料,有植物黄金的美誉。原产于印度尼西亚苏门答腊岛的天然龙脑树,曾经是龙脑的主要来源,但是由于长期过度采伐已近枯竭。我国科研工作者于江西省吉安市境内发现的一种富含右旋龙脑成分的香樟类型,其鲜枝叶经蒸馏提取得到纯度很高的右旋龙脑(天然冰片),故命名为龙脑樟,这改变了长期以来龙脑依赖进口的局面。龙脑樟不仅是重要的药用植物,同时也是城市绿化的重要苗木之一,江西吉安市、赣州市有大面积种植。

二、形态特征与生物学特性

龙脑樟属于樟科樟树为常绿乔木,树皮灰褐色。枝条圆柱形,紫褐色,无毛,嫩时多稍具棱角。芽小,卵圆形,芽鳞疏被绢毛。叶互生,卵圆形或椭圆状卵圆形。果球形,直径 0.7～0.8 cm,绿色,无毛;果托浅杯状,顶端宽 0.6 cm。花期 5—6 月,果期 7—8 月。

龙脑樟喜光,幼苗期耐阴,喜温暖湿润气候,不耐寒,气温低于 0 ℃,则会遭受冻害甚至死亡,在湿润的酸性或中性土壤中生长良好,不耐干旱瘠薄和盐碱土,萌芽力强,耐修剪。

三、栽培及管理技术

龙脑樟可采用扦插、播种两种方式进行育苗。目前多用扦插快繁的方式进行育苗。

(一)育苗

1. 扦插育苗

一般扦插在 6—10 月进行。选择当年生半木质化无病虫害且上端带顶芽的优质枝条作为插条,插条粗 0.2～0.5 cm,长度 6～10 cm,至少留 2 个节及 1 片健壮叶,下端平剪。插条下端用 800 mg/kg 的吲哚丁酸溶液速醮 2～3 s,或用 100 mg/kg GGR6 号浸泡 4～8 h,再用 600～800 倍的多菌灵溶液消毒,以促进插条快速生根。

扦插基质一般选择 pH 5.5～7.0 的黄心土即可。容器多选择 9 cm×9 cm 软质营养钵。育苗地整平、作平床,苗床宽 1～1.2 m。用 0.5%高锰酸钾溶液对苗床消毒。将装好基质的容器紧密、整齐摆放到苗床上。插条垂直插入基质,扦插深度不超过枝条的 1/2,浇透水。苗床可搭建 50～60 cm 高的小拱棚,用塑料薄膜封闭严实,再在小拱棚上覆盖遮阳网,或 1.6～

1.8 m 高的荫棚，遮阳网透光率在 20%～40%即可。

2. 播种育苗

一般在 3 月中旬到 4 月上旬播种育苗为宜，秋季育苗易受冻害。播种前，种子用 0.5%的高锰酸钾溶液浸种 2 h，消毒杀菌，然后催芽。播种采用条播，行距 25 cm，每亩播种量 10～15 kg。播后盖土 2～3 cm，浇透水。播后苗床注意保墒，可用稻草盖，出苗后即可揭去，一般出苗率可达 90%左右。

圃地选择水源充足，便于灌溉的地方，土壤要求深厚疏松，通透性良好，以高床为宜，土壤整细压平。

(二)整地栽植

植苗造林选择较平缓的低山或丘陵，有较好的水源，土壤 pH 为 5.5～7.0，土层深厚，腐殖质含量高，板页岩或砂页岩为母质发育而成的山地红壤或山地黄壤，以山脚、山谷、山冲或阴坡、半阴坡的下部地带最佳。水平梯带整地，宽度为 1～1.2 m，整地深度为 40 cm。

一般在 3 月中旬至 4 月中旬，在春芽苞将要萌动之前定植。在梅雨季节可以补植，秋季以 9 月为宜。

选择色泽正常，无病虫害，顶芽饱满无伤的苗木，移栽需要剪除部分或全部叶片以及离地面 30 cm 以下的侧枝，并适当修剪过长的主根。

栽植时按株行距 1.5 m×1.5 m 定植。挖长、宽、深为 40 cm×40 cm×30 cm 的栽植穴。将底肥匀施穴底，再填盖一层土，厚 10 cm，然后把苗木放入栽植穴，覆土略高于地面，呈龟背形。

(三)田间管理

定植第 2 年至第 3 年，6 月结合松土除草施肥，每株施复合肥 0.1～0.2 kg；11—12 月每株施商品有机肥 2～5 kg，复合肥 0.1～0.2 kg。成林后每年 6 月每株施复合肥 0.2 kg，尿素 0.05 kg，11—12 月每株施商品有机肥 2～5 kg，复合肥 0.2 kg。

(四)病虫害防治

龙脑樟矮林作业连年采收，管理到位时一般没有病虫害发生。其主要病害有白粉病、炭疽病等；主要虫害有樟叶蜂、樟巢螟等。

物理防治可采用频振灯诱杀害虫等方法。生物防治可利用白僵菌、信息素等方法控制和诱杀害虫。

白粉病主要发生在环境阴湿、密度大的苗床。一开始幼苗嫩叶背面主脉附近出现灰褐色斑点，以后蔓延至整个叶背，并出现一层白粉。防治方法：一是注意苗圃卫生，适当疏苗，发现病株应立即拔除，烧毁；二是用 29%石硫合剂水剂 50 倍液喷洒，10 天喷 1 次，连续 3～4 次。

炭疽病主要发生在苗圃和幼林时期，表现为茎叶枯萎，为害幼嫩部位，颜色由紫褐色逐渐变成黑褐色，最终全黑，病斑起初为椭圆形或圆形，最后变成小黑点。防治方法：一是将病枝(叶)剪除，烧毁；二是喷 5%己唑醇悬浮剂 500～1 000 倍液，或 1∶1∶150 波尔多液 2～3 次进行防治。

樟叶蜂一年发生 1～2 代，幼虫取食幼苗和造林苗木当年抽的嫩梢，严重影响生长。可用 2 000 倍 90%晶体敌百虫 200 倍液或 50%马拉松乳剂液喷杀或用苏云金杆菌水乳剂 500 倍液进行喷液。

樟巢螟主要啃食龙脑樟嫩叶和梢。幼虫结巢，可布满整棵树木，严重时可导致树木死亡。可在幼虫开始活动但未结成网巢时，用 4 000～5 000 倍 90%敌百虫液喷杀；若幼虫已结巢网，可人工摘除并将其烧毁。

四、采收及加工技术

1. 采收

龙脑樟一般在种植的第三年可以开始采收。种植条件好的基地第二年即可开始采收。每年采收一次，一般选择在气候适宜的 11 月中旬左右，采收年限为 50 年左右，距离地面 40 cm 以上的枝叶全部采收，采收后立即对母树剪口处进行薄膜包扎保护或涂伤口保护剂。

2. 储藏

枝条打捆，置通风、干燥、阴凉处。采收后的枝叶应及时运输到加工场地进行加工。

赣食十味

白 莲

一、概述

白莲属睡莲科莲属，含有丰富的磷脂、生物碱和类黄酮等营养保健成分，具有清心醒脾、补脾止泻、养心安神明目等功效。白莲在我国分布广泛，主要分布在福建、浙江、江西、湖南、湖北、江苏、河北等地，江西广昌、石城、宁都、莲花等地栽培面积较大。

二、形态特征及生物学特性

白莲种子由种皮、子叶和胚三部分组成。早期的种子有胚乳，在其发育过程中作为营养源被胚吸收，因此，白莲属于双子叶无胚乳植物。种皮很薄，单宁含量较高，种皮与果皮粘连，红棕色。胚由子叶、胚根、胚芽和胚轴四部分组成。子叶两片，淡黄色，特别发达，基部合生达2/3，含有丰富的营养，是种子萌发的养料来源，同时起保护胚芽的作用，也是主要的食用部分。胚芽绿色，由两片大小不同的幼叶和一个顶芽组成。

在4月上旬萌发，4月中旬长出钱叶和浮叶，4月下旬至5月上旬生长立叶，5月中旬至6月初开始现蕾，7—8月为盛花期，9月后进入末花期，也即长藕期，结果期为6月至10月下旬，同时到了10月中、下旬，植株衰老，叶渐枯黄，11月至翌年3月为地下茎（藕）的越冬休眠期。

三、栽培及管理技术

（一）种苗繁殖

选品种纯正、上年单产高、未发生病害的留种田里的种藕，做到边挖边选，选择具有本品种特性、色泽新鲜、藕身粗壮、节间短、无病斑、无损伤、顶芽完整，具有3个节以上的主藕和2个节以上的子藕作种，孙藕一般不用。

(二)栽培技术

1. 藕田选择与整地

选择避风向阳、土壤肥沃、水源充足、土层深 20～30 cm 的深脚水田种植,pH 为 6～7.5 的黏质、重壤质田块。确保田面能蓄水,排灌自然为宜。冬季深翻晒垡培肥,春耕精细整地,使田平整。田四周筑高 0.5 m、底宽 0.5 m、梯面宽 0.3 m 梯形池坝(田埂)。栽前 7～10 天灌水,并进行第二次翻耕整地,土杂肥翻埋泥底,在移栽前施入足量的肥料。一般每亩施腐熟有机肥 2 000～3 000 kg。每亩施用生石灰 100 kg 左右,不仅可以防除田间藻类、青薹、浮萍等,同时杀灭部分地下害虫(食根金花虫、根线虫等),而且可以加速腐烂有机肥、起到土壤消毒、改良土壤和提高泥温的作用,从而改善莲苗根部生长环境促早发。

2. 适时栽植,适当密植

在精细整地,施足底肥的基础上,种藕移栽时间要适时。早春气温低,容易受冻缺株,迟则营养期缩短,早期结蓬小,籽粒小。针对本地气候,应该是"春分早,谷雨迟,清明最当时"。高产莲田移栽期以选择在气温稳定在 15 ℃为好。

适当密植,保持一定的基本株数,要求亩栽 160～200 株,每株 2 个顶芽,总芽数 320～400 个。株行距 1.6 m×1.6 m 或 1.6 m×2.0 m。移栽时先按预定的行株距,顶芽的走向(一律朝向田内)把种藕分布在田面(以三角定植为好),边行离田埂 1.5 m。排完种后,用手扒种植穴 10～13 cm 深,栽时斜植,呈 20°～30°,藕头稍深、后把略露出泥面。

(三)田间管理

1. 科学管水

莲田灌水应掌握"浅—深—浅"原则:前期浅,以利于提高温度,加速成活,促进萌芽、抽鞭及立叶的生长;中期深,利于莲藕生长,促使花多、蓬大、粒饱;采摘后期宜浅,有利于成藕和种藕安全越冬。水深了会延迟结藕。莲藕在立叶抽生前灌水 3～4 cm,随着植株生长,出现立叶 2～3 片时,加深到 10 cm 左右,再随着气温的升高,水位可加深到 15～25 cm。采摘后期结藕时,水位下降到 3～5 cm。最好能日排夜灌,白天排至 3 cm,夜间灌至 12～15 cm。

2. 中耕除草

栽后约半个月就出现浮叶,当莲株长出第 1 片立叶时,进行中耕除草。耘田前先将田水放干、捡净杂草再耘。第 2 次中耕结合第 1 次追肥进行。以后耘田、除草时间、次数,以土壤不板结、无杂草为准。在莲株封行前应结束中耕。

3. 分期追肥

莲田追肥应以"苗轻,蕾重,花劲,用好后劲肥,增施磷钾肥,适当补微肥"为原则。苗期施提苗肥,现蕾期重施蕾肥,开花期重施花蓬肥,抓住芒种、夏至、小暑三个节气前后,各施 1 次肥。每亩每次用氮磷钾复合肥 15～20 kg,撒施,并用 200～250 kg 硼砂兑水 50 kg 根外喷施 1～2 次。8 月上旬子莲进入生长后期,为防止白莲后期脱肥早衰,可每亩补施尿素 5～10 kg。撒施肥料前应尽量放浅田水,并选择晴天露水干后进行,施肥后用水冲洗叶片,避免化肥烧伤荷叶,施肥 1 天后将水深复原。

4. 调节植株

莲田植株调节工作包括保叶、摘叶、除老藕、转藕头等。封行时摘除浮叶、枯黄的立叶,以利于通风透光。进入盛花期分1～2次摘除无花立叶(包括死蕾立叶)。采摘时,每采一蓬随手摘除同一节上的荷叶,直到8月下旬为止,摘后叶片可踩入泥里作肥料。前期的浮叶尚能起光合作用,制造养分,不宜过早摘除。9月气温下降,应保绿叶,有促进籽粒饱满、新藕形成、提高种藕质量的作用。在出现5～6片立叶时,要除去老种藕。5月下旬莲鞭生长迅速,应定期拨转藕头(莲鞭顶芽)。生长初期每隔7天进行1次,生长盛期隔3～5天进行1次,共需转头5～6次。方法是发现朝向田边走向的荷叶(抱卷叶)距田埂1 m左右时,可伸手入泥将幼嫩的莲鞭转向田内,用泥压好。为防止莲鞭过于脆嫩而折断,应选在晴天下午茎叶柔软时进行,并且转向弧度尽量大一些。

(四)病虫害防治

白莲病虫害主要有莲纹夜蛾、蚜虫、莲腐败病(枯萎病)、叶枯病、褐斑病、莲瘟病。在使用农药的选择上,严格按照无公害、绿色、有机农产品生产要求喷施农药,确保产品质量安全。

针对腐败病,可采取无病种藕栽培、轮作、合理施肥等综合措施,也可采取在冬季灌水冬浸预防和白莲移栽前后重施石灰等农业防治措施,并适时做好化学防治工作,效果显著。莲纹夜蛾2龄前集中在莲叶背面,以人工捕杀为主;3龄后幼虫分散取食可采取人工捕捉,将虫口集中的叶片摘除包成团踩入泥中以控制虫量。莲蚜可以有选择性地适时采用药剂喷洒,做好防治工作。地下害虫(食根金花虫、根线虫等)可有选择性地用药防治。

四、采收及加工技术

1. 适时采收

当莲蓬正面变成褐色,莲子与莲蓬孔格间稍有分离,莲子外果皮呈茶褐色,挖出蓬内壳为黄褐色时即可采收。采收应选择在上午9时前进行。

2. 加工

在莲蓬采摘后进行挖莆脱粒,去除乌莲、嫩莲、病莲,减少瘪莲。挖莆后进行剥壳,即剥除莲子外种皮,将洗净的鲜肉莲,均匀地摊在洁净的竹筛上,置于太阳下微晒,至肉莲表面水分干后莲肉稍有皱缩为宜;或将莲子放在专用烘焙筛内,再放在烘灶上烘烤,掌握好烘烤温度,一般在120～130 ℃烘烤15～20 min。莲子完全干燥摊凉后,用洁净的铁箱或密封塑料袋装好保存,防止受潮霉变,采用常温贮藏或冷藏,冷藏温度控制在0～5 ℃。

3. 产品质量标准

本品略呈椭圆形或类球形,长1.2～1.8 cm。表面红棕色,有细纵纹和较宽的脉纹。一端中心呈乳头状突起,棕褐色,多有裂口,其周边略下陷。质硬,种皮薄,不易剥离。子叶2,黄白色,肥厚,中有空隙,具绿色莲子心。气微,味甘、微涩;蛋白质≥18%,淀粉≥45%,含水量≤11%。

粉葛

一、概述

粉葛为豆科葛属植物甘葛藤的干燥根。原生长于高山野地，是典型的无污染、无公害、纯天然绿色有机产品。粉葛可药、食两用，具有极高的营养价值及医药价值，具有解肌退热、生津、透疹、升阳止泻之功效，在我国素有“南葛北参”之美称。粉葛浑身是宝，茎皮纤维可以织葛布，也可作造纸原料；葛渣可作食用菌栽培基；叶片是优良的青饲料；葛花可制成葛花茶，具有解酒功效；种子油为工业润滑油；地下部分供食用或制淀粉及酿酒。因此，发展粉葛栽培具有广阔的国内外市场前景。

粉葛主要产于江西、广东、广西等地，江西上饶、宜春、抚州、吉安、赣州、鹰潭等地有栽培。

二、形态特征及生物学特性

粉葛为豆科多年生落叶藤本植物。根肥大。茎枝被黄褐色短毛或杂有长硬毛。三出复叶，具长柄；托叶披针状长椭圆形，有毛；小叶片菱状卵形至宽卵形，有时 3 裂，长 9～21 cm，宽 8～18 cm，先端短渐尖，基部圆形。总状花序腋生；小苞片卵形；花萼钟状，长 1.2～1.5 cm，萼齿 5，披针形，较萼筒长，被黄色长硬毛；花冠紫色，长 1.3～1.8 cm。荚果长椭圆形，扁平；长 10～12 cm，宽 1～1.2 cm，密被黄褐色长硬毛。种子肾形或圆形。

粉葛喜温暖湿润气候，块根耐寒，茎叶在霜冻或雪后枯死，翌年发新枝叶，耐旱能力较强，对土质要求不严格，除黏土与碱性土外均可栽培。在大田自然条件下，粉葛 3 月中下旬萌芽生长，5—6 月藤蔓生长旺盛，8—9 月块根迅速膨大，花期 5—9 月，荚果成熟期 9—10 月，12 月霜冻后倒苗。生长期 250 天左右。

三、栽培及管理技术

(一)繁殖方式

粉葛繁殖方法多样，可用种子繁殖，也可采用分根、压条、扦插等无性繁殖。育苗期为上年 12 月至当年 1 月，定植期 2—4 月。栽植时选阴雨天为佳，栽好后浇定根水。

1. 种子繁殖

春季土层化冻至深 15 cm 以下，地温在土层 0.5 cm 以下达 15 ℃即可播种。

先把种子放入 30～35 ℃温水中浸泡 24 h，捞取沥干后穴播。株、行距 50～60 cm，每穴播种 4～5 粒，覆土厚 3～4 cm。

2. 分根繁殖

在春季挖出老根旁生出的嫩枝根部，将支根切断，然后按 60 cm 穴距移植。

3. 压条繁殖

选取健壮的枝条，采取波状或连续压条法繁殖。

把葛蔓拉到地上，分段埋土，待茎节外生根后切断，带根移栽，栽植前，按株、行距各 60 cm 挖穴，直径 27 cm、深 20 cm，然后将厩肥与坑土混合均匀施入穴中，最后覆土踏实。

4. 扦插繁殖

（1）准备营养土。每培育 1 000 株袋苗需准备营养土 200 kg，按 1∶2∶100 的比例将复合肥、磷肥、细肥土混匀，再施入适量的人畜粪便、沼液粪水、细粪等农肥，堆捂 30 天后可入袋。选用直径 12 cm、高 8 cm、底打孔的营养袋。苗床地宽 1.3 m，将装入营养土的营养袋整齐排列于苗床地中，备好 2 m 宽的地膜和 2.3 m 长的竹竿。

（2）种藤选取。进入冬季，葛根藤蔓停止生长转入休眠期，即在 12 月上旬，选取粗 0.5 cm 以上、充分木质化，无病虫害和损伤、生长健壮的中下段（距根部 1.5 m 以内的藤蔓）藤蔓作为种源，将藤蔓捆成小捆，挖坑储藏催芽 1～2 个月或立即育苗，当年 12 月至翌年 2 月育苗，移栽苗龄约 100 天。种源芽节的选取是育苗成活的关键，决定着育苗率的高低和育苗成本，因此要格外重视。选取健壮的芽节作为扦插种源芽节，芽节下端留 6～7 cm，上端留 3～4 cm，用锋利的枝剪切断，刀口要平滑。上端剪口用油漆封口，防止水分散失。用甲基托布津 1 000 倍液、退菌特 800 倍液或多菌灵可湿性粉剂 1 000 倍液浸泡芽节 5 min 进行消毒处理，捞起斜插于营养袋中，并注意腋芽眼朝上。还可以采取芽节下端用生根粉 5 g 兑成 2～3 L 溶液，或萘乙酸 0.2 mg、6-苄基氨基嘌呤 0.2 mg，或 6-糖基氨基嘌呤 0.2 mg 兑水 2 L 浸根处理的方法，促进生根，提高成苗率。

（3）扦插。先把苗床浇透水，把备好的种源芽节的下端斜插到营养袋中，注意要露出腋芽，腋芽眼朝上。扦插完毕后，覆盖 1 cm 厚的细粪，浇透水，先平铺地膜保水增温，待腋芽萌发长出葛藤时改建成平顶小拱棚，保持苗床湿润，注意放风降温。当日均气温达到 14 ℃时，揭膜炼苗。一般在芽节扦插 15 天后可见腋芽萌动生长，60 天后可见到新生根。90 天后，当新生根长 2 cm 以上，藤蔓长 20 cm 以上时，袋苗可出圃移栽。

（4）苗床管理。苗床管理要突出“勤、早、细、补”，即要勤检查苗情苗势，勤监测葛苗病虫害；早揭膜、早除草、早追肥，早防治病虫害；浇水时喷头最好采用小孔喷头，严格做到轻浇匀浇，保持合理的土壤水分，杜绝苗床涝害；当葛苗长到 10 cm 左右时可看苗情苗势酌情补充磷钾肥，掌握科学、合理、速效的施肥原则，补肥时最好采用叶面追肥，促进葛苗快速吸收生长所需营养成分，健壮生长，提高葛苗硬度。

（5）袋苗移栽。冬季按整地要求开挖种植沟并施足基肥，按株距 60～70 cm 开挖种植塘，深度 15 cm，每亩种植 1 000 株左右，根据生产条件优劣可适当增减栽培种植密度（900～1 100 株）。3 月份是移栽袋苗的最佳节令，及早移栽能确保当年有足够长的生长期，若在春季无水浇灌的地块，则只能到 5—6 月份雨季来临前移栽，但当年不能产出。

栽苗前先在种植地内施入药效期在 3 个月以上的土壤杀虫剂毒杀土蚕、黄蚂蚁等地下害虫，如甲敌粉，每亩 4～5 kg。然后将袋苗植入种植地内，注意要把塑料营养袋撕掉，周围施入有机肥并回土压实，浇透水，覆盖地膜保湿增温，进入雨季时去除地膜。

(二)选地、整地

1. 选地

由于葛根分布的地域较广,各地的土壤差异较大,葛根对土壤的要求不是很严格。但要获得较高的栽培效益和经济价值,则要选择条件较好的土地种植。

选择土质肥沃疏松,土层深厚达 80 cm,排水良好的腐殖质土或砂壤土,土壤 pH 为 6~8。每年 3—5 月有水源保证,光照资源充足的缓坡耕地或荒山、荒坡、林果园及房前屋后零星空地等,也可与大行的经济林间作。不宜选择低洼积水的田地栽植。要确保种植葛根用地不受工业有机废物和有害重金属元素(如铅、镉、汞等)及有毒非金属元素(如砷等)的污染。

2. 整地

种植粉葛的土地要及早整地,使种植沟内土壤充分风化,提高土壤肥力。按南北向,行距 1.0~1.1 m 的规格要求开挖种植沟,沟深 50~60 cm,沟宽 50~60 cm,并清除石块树根等杂物,特别要注意捕杀清除土蚕,减轻土壤虫害。由于葛根种植后大多要 2~3 年才收获,要求底肥一次性施足。一般中等肥力的耕地每亩施入基肥:①优质腐熟有机肥 2 000 kg;②三元复合肥 50 kg;③磷肥 50 kg,但每亩施用的化肥总量不得超过 200 kg;④适量的农作物秸秆。开挖种植沟时从一个方向一沟一沟地开挖,将表土耕作层回填沟底 20~30 cm 厚,把基肥全部施入种植沟,再回填 10 cm 厚的土壤,将底肥与土壤拌匀。

注意,施基肥的深度为墒面下 20~60 cm,不能把基肥施在沟底。最后将种植墒沟理成高墒低埂,墒高 30 cm,必须确保葛根生长于有 70 cm 以上深度的松土耕作层。

(三)田间管理

田间管理是确保葛苗成活和促进葛根旺盛生育、农业综合防治病、虫、草、鼠害的重要农耕措施,必须适时搞好各项管理,保持葛根正常生育。

1. 查缺补苗

每亩种植 1 000 多株,按行距 1.0~1.1 m,株距 0.6~0.7 m 的规模移栽种植较为合理。因此,在葛苗移栽以后,就要及时检查成活情况。没有成活的,要尽快补栽,确保获得高产量,缺少一株葛苗,就相当于当年减少了 3~5 kg 的产量。有时葛根在生长发育过程中,会遭受严重的根部病虫害而死亡,要及时挖除死亡植株,进行土壤杀虫和消毒,补栽葛根袋苗。

2. 看苗追肥

粉葛生长速度快,需肥量大,属喜肥植物,要在苗期及时追肥促苗快长,充分利用春季高质量的温度和光照资源。葛苗移栽成活以后,就要及时追施一次提苗肥,时间在葛苗移栽后 0.5~1 个月。每亩可选用尿素 3 kg、氯化钾 5 kg,复合肥 3 kg 兑水浇施。在第一次追施提苗肥以后,可以根据葛苗生长情况,再施追肥 1~2 次提苗肥。当葛藤长到 1.5 m 以上的长度时,深扎的根系就可以吸收利用基肥养分了,不必再进行根部追肥。

3. 搭架引蔓

粉葛是一种藤本攀缘植物,需要搭架给葛藤攀缘生长,才能促进块根膨大,获得高产。所以,搭架是必不可少的措施。当葛藤长到 50 cm 左右时(栽后一个多月),要及时搭架引蔓。具体方法和材料因种植环境和种植户自身条件而定,大部分种植区域一般采用“人”字架为宜。具体方法就是利用 2 m 长的竹竿或木杆,在两株葛苗中间斜插一根竹竿,相邻两行的竹竿交叉为“人”字形，在上面放一根长竿，用绳索捆绑固定，再把葛藤引上架。搭架的时候要注意插稳插实、捆紧，以防大风吹倒。

4. 修剪

在葛藤生长过程中要注意修剪，抑制疯长，促进块根膨大。

(1)根部修剪。葛藤长到 1.5 m 左右时将蔸部表土刨开，见块根尖部时，选 1～2 根粗壮根块留下，其余根系用刀片割断，然后盖好表土。

(2)整蔓修剪。主要有两点：一是每株葛苗可留 1～2 条葛藤培养形成主蔓，在葛藤还没有长到 1 m 长的时候，不留分枝侧蔓，要随时剪除萌发的侧蔓，促进主蔓长粗长壮，1 m 以上所有萌发的侧蔓全部留下，促进蔓叶生长，保持足够的光合叶面积。二是当所有的侧蔓生长点距根部的距离达到 3 m 长的时候，要摘除顶芽，抑制葛苗疯长，促进藤蔓长粗长壮和腋芽发育，准备来年繁苗扦插芽节，确保根部膨大所需营养。在下一年开春后，要及早修剪，每株葛根只能保留 2～3 条藤蔓培养形成主蔓，1 m 以内不留分枝侧蔓，以防“葛头”长得过大，消耗过多养分，影响葛根膨大。每年的 5—7 月，有计划作留种的除外，应摘除花芽、花序，以减少养分的消耗。

5. 中耕锄草

进入雨季后，杂草生长很快，要适时中耕除草，培土清沟及时排出积水，使葛根生长有一个良好的环境。葛根为旱地作物，根系发达，耐旱不耐涝，雨季要保持排水畅通。中耕除草一般根据杂草生长情况进行 2～3 次即可。

中耕除草既可以消灭杂草又可增加土壤通透性和土壤微生物活动，具有改善地力、抗旱保墒的作用。葛苗定植移栽后要及时进行中耕除草，在提沟培土前进行，掌握第 1 次浅耕、第 2 次深耕的原则。一般葛苗定植后半个月左右进行第 1 次中耕除草，锄深 7 cm 左右，以疏松表层土壤，消灭杂草或防止杂草滋生蔓延。第 2 次除草在栽后 1 个月左右进行，深锄 10～15 cm，结合壅根，促进根系的迅速生长，做到离葛苗近的浅锄、离葛苗远的深锄。

6. 提沟培土

提沟培土可促进根系生长和块根膨大，增强抗旱性，利于排水防涝和减轻病虫害，提高葛苗抗倒伏能力。提沟培土应在葛藤上架，基部藤条尚未木质化前及时进行，每个生长期可进行 1～2 次。培土不宜过早或过晚，过早由于葛苗株体小，容易淹没幼芽；过晚由于葛苗基部的茎叶木质化，发根能力减弱。培土高度因地块条件而定，雨水多、地下水位高的地方，培土要高些，以利于根系生长，防止倒伏。在干旱、地下水位低的地区，培土适当低些，以利于保墒。培土高度一般以 35～40 cm 为宜。培土时垄面的松土要与茎基部紧密结合，做到充实饱满，沟直，不留空隙，垄面呈板瓦形不易崩塌，避免垄面出现坑凹积水，影响葛苗生长和块根膨大。

7. 灌溉与排水

长期干旱，地面干燥，葛藤失水，应及时灌溉。雨后，地面积水，应及时开沟排水，以防地面积水引起葛块根腐烂或病虫害发生。

(四)病虫害防治

粉葛抗病虫害能力强，一般很少发生病虫害，偶尔会轻微发生黄粉病、霜霉病、炭疽病；虫害主要有蚜虫、天蛾、金龟子、土蚕(蛴螬)等。若发生面积不大，对产量和品质影响不大，不必采取防治措施。若需要防治时，病害可用50％多菌灵可湿性粉剂600倍液或70％甲基托布津可湿性粉剂800倍液进行防治；蚜虫可用50％马拉硫磷乳油1 000倍液进行防治；天蛾可用2.5％溴氰菊酯乳油2 000倍液进行防治；金龟子、蛴螬等可用80％敌百虫粉剂1 000倍液或50％辛硫磷乳油1 500倍液进行防治。但来自土壤的害虫要特别注意，特别是土蚕、黄蚂蚁对幼苗成活和葛根的产量品质影响极大，一定要做到早发现、早防治。在开挖种植沟时就要人工捕杀土蚕，结合施底肥回填土时，施用土壤杀虫农药毒杀害虫。在葛根生长期，可选用5％辛硫磷颗粒剂施入土壤毒杀。另外，要注意鼠害防治。

四、采收加工

（一）采收时间

移栽2～3年后便可采收，通常在当年的11月至翌年的3月。

（二）采收方法

先割去地上茎藤，然后用锄将块根挖出（注意勿挖破块根）再用技剪剪去基茎，装筐中，由于葛株茎藤韧性较强，采集葛根时应当注意减少对葛根的损伤，尽量保持其完整性，切勿将块根强行扭断，要用剪刀将大块根从茎基部剪断，以免伤及其他留用的块根和须根。若葛根外皮有损伤，则容易导致霉烂，从而失去其利用的价值。采集葛根后，避免用清水清洗，因为用清水清洗将会加快葛根溃烂。同时要及时补充越冬基肥，为来年葛根丰收打下基础。

1. 全窝采挖法

用采收器具将葛块根全窝挖出，选取不宜作药用的小葛苗，另行种植（如葛品种不纯或老化，则弃之）。大块根作药用。

2. 挖大留小法

用采收器采挖大葛根，留下小的葛根继续生长，留作第二年再采挖，如此循环3～4年。

（三）产地加工

（1）挑选分级。将运回的葛根按重量大小进行挑选，去病葛、去杂、分级，分别堆放。根据葛根鲜重分为四级，特级：6 kg/个以上；1级：4～6 kg/个；2级：2～4 kg/个；3级：2 kg/个以下。

（2）刷洗。将不同级别的葛根分别用猪毛刷，在无污染的自来水中刷洗净表面泥沙及其他杂物。

（3）修整。剪去块根两端的根茎、尾根及周围的细根，刮去粗皮。

（4）切片。用不锈钢刀片切片机趁鲜纵切为长方形或小方块，长5～40 cm，厚1.5～2 cm。

（5）干燥。葛片应随切随烘，干燥。将葛根片按不同等级，分别装入烘干床中，厚10 cm左右，进风口温度控制在60～65 ℃，出风口温度控制在46～40 ℃。在烘干过程中，翻动5次，当烘到含水量在14.0％以下时即可。

芡 实

一、概述

芡实,俗称芡、鸡头米、鸡嘴莲等。芡实为睡莲科芡实属一年生水生草本植物,以种仁供药用,具有益肾涩精、补脾止泻、安神等功效。主治脾虚腹泻、遗精滑精、尿频尿急、白带异常等症。因含有大量淀粉、蛋白质、脂肪油、维生素C及微量元素故为药食兼用佳品。主产地河北、山东、江苏、安徽、江西、湖北、四川等省。江西主要在余干、鄱阳、进贤、吉安、南昌、新余等地有栽培。

芡实属为单种属,目前生产上根据果实性状分为无刺的苏芡(又称南芡)和有刺的刺芡(又称北芡)两种,江西栽培的芡实类型为刺芡。

二、形态特征及生物学特性

(一)形态特征

芡实为睡莲科1年生水生草本植物。全株多刺。叶浮于水面,圆盾形或盾状心形,上面多皱褶,边缘向上折呈浅盘状,表面绿色,背面紫色,脉上具刺。花梗伸出水面,顶生1花,紫红色昼开夜合;萼片4,宿存,内紫外绿;花瓣多数;子房8室,嵌入膨大的花托中,柱头圆盘形。果实如鸡头,外被尖刺,内呈海绵状,内有种子20～100粒,种子球形,种皮坚硬,假种皮肉质,胚乳白色粉质。

(二)生物学特性

芡实喜温暖湿润、阳光充足的水生环境。喜生于水质肥沃的池塘,水库、坑池及常年不断水的沟渠。水深经常保持在60～120 cm,水底为疏松的黏泥生长较好。在过肥或过瘦的黏土上栽培,产量不高。酸性过大的冷水池塘不易种植。

三、栽培与管理技术

(一)繁殖技术

芡实以种子繁殖,可直播也可育苗移栽。生产上大多采用直播方法,于4月上旬播种,播种量1.5～2 kg/亩。芡实播种的方法主要有以下几种:一是穴播,适合在浅水处采用(水深一般为0.3 m),栽植穴不宜挖得太深,穴与穴之间的距离为2.3～4.0 m。每穴播种的种子数目为3～4粒,播种后要及时覆盖泥土,覆土的厚度一般为1 cm左右。二是泥团点播,主要适合在深水且水生动物较多的湖荡进行,方法是用潮泥将3～4粒种子裹成一团,然后点播。三是条播,即在水里按2.6～3.3 m行距直线撒播,一般每隔0.7～1.0 m播1粒种子,要求落籽均匀,肥荡稀播,瘦荡密播。育苗的过程主要包括催芽、育苗、移苗、定植,因需要大量的劳动力,生产上一般不采用。

(二)选地

冬季晒湖消毒防病害，凡是土层较深、土质肥沃、水深 30～120 cm 的湖泊、池塘、沟坑等都可栽种。基地选定后，冬季要放干湖水晒，以晒到开小裂即可。也可用石灰消毒，每亩用石灰 60～80 kg 以消灭绵腐病等病菌，可预防因泥糊扎根不固和病害的发生而造成翻莞死苗。

(三)播种

一般在 4 月上旬开始进行播种。前年种过芡实的地方，来年不用再播种。因其果实成熟后会自然裂开，有部分种子散落塘内，来年便可萌芽生长。

(四)田间管理

1. 防风

在芡实的生长初期，如果风浪较大，对其生长发育不利。要在湖荡或者大田的四周种植茭草，形成围带，减少风浪对芡实幼苗的影响，以利于其正常生长。

2. 补苗

在种植过程中要确保齐苗。一般情况在水面叶片的直径达到 10 cm 的时候，要及时查苗，发现缺苗，要及时补种，补种的原则是移密补稀。

3. 壅土

对于浅栽苗来说，在其心叶逐渐生长的过程中，如果不能及时进行培土壅根，则不能为新的心叶生长和根生长提供充足的营养。因此，要在芡实苗生长的过程中，逐渐培泥壅根，将浅穴填平。

4. 水肥管理

芡实一生不能缺水，定植活棵后，必须保持 30～40 cm 水层，以后可逐步加深到 50 cm，但最深不宜超过 100 cm。追肥一般在每次除草后 2～3 天进行，第 1 次在 6 月底前后，每亩施 45%复合肥 5 kg；第 2 次在叶片直径达 100 cm 时，每亩施 45%复合肥 8 kg；第 3 次在封行前，视芡实长势适量追施。施肥方法为穴施，不能撒施，施肥时应施在离新生叶旁 20 cm 处，不能施在蔸下。

5. 中耕除草

成活以后应及时清除田间杂草，一般进行 3 次。每次除草均应将杂草拔起卷埋入泥，并分次倒在芡实蔸下压根护蔸，直至填满定植穴。切忌使用任何除草剂。

(五)病虫害防治

常见的病害有叶斑病和叶瘤病。叶斑病多发生在 7—9 月，发病初期叶边有许多褐色圆形病斑，易腐烂穿孔，严重时可使整张叶腐烂。实行轮作，不单施氮肥，还可在发病初期 10～15 天内，连续 2～3 次叶面喷施 70%甲基托布津可湿性粉剂 800～1 000 倍液或 50%多菌灵可湿性粉剂 400～500 倍液。叶瘤病多发生在 7—8 月，刚发病时，叶面出现淡绿色黄斑，后隆起肿大呈瘤状。发病初期 10～15 天内连续 2～3 次叶面喷施 70%甲基托布津乳油 800～1 000 倍液和磷酸二氢钾液500～1 000倍液。虫害主要有斜纹夜蛾、蚜虫等。

四、适时采收与留种

(一)采收

从9月上、中旬开始,做到先开花、先成熟、先采收,采收共分7～8次进行,同一株采收间隔时间约5天,每块田必须做到5～6天采收1次,采果时必须以嫩果为主(即以手指剥开硬壳为准)。采收前要用清洁无污染的工具,防止损伤果梗,同时在剥粒、包装、运输等过程中都要防止二次污染,通过对采收的芡实进行抽样分析检测,产品质量符合要求,才能上市出售。芡实以质坚实、显粉性、切面白色者为佳。

江西芡实是在当年冬季全部叶片凋萎、芡实苞开裂、芡实籽粒散落水底淤泥表面时即可采收,鄱阳湖流域每年的11月中、下旬至次年3月底均可打捞采收。在收获打捞前,保持水位在1～1.5 m,用芡实专用打捞船采收。

(二)留种

早期采收2次后应选择结果多、果实大、绿叶多且叶面光滑的植株作种株,并做好标记,在第4次采收时采下,剥出种子,淘汰嫩粒,除去种皮,装入蒲包并埋入水面淤泥下30 cm处,待第2年取出进行催芽播种。

百 合

一、概述

百合为百合科百合属多年生草本球根植物。百合鳞茎含丰富淀粉，可食，也作药用。具有解毒、理脾健胃、利湿消积、宁心安神、促进血液循环等功效。主治劳嗽、咳血、虚烦惊悸等症，对医治肺络疾病和保健抗衰老有特别功效。

百合原产于中国，分布于我国湖南、湖北、江西、浙江、河南、河北、陕西等省，全国各地均有种植。目前市场上主要的食用百合分三类：卷丹百合、龙牙百合、川百合。江西的宜春、吉安是龙牙百合的主产区，其中尤以万载县和泰和县栽培面积最大、历史最长。龙牙百合鳞茎白色，抱合紧密，每个鳞茎含 2～4 个鳞瓣。鳞片狭长肥厚，故名“龙牙百合”。商品平均重 30～40 g，大者 0.5 kg 以上，产量高，平均亩产 1 500 kg 左右。

二、形态特征及生物学特性

(一)形态特征

百合为多年生草本植物，株高 70～150 cm。百合根分为肉质根和纤维状根两类。肉质根称为“下盘根”，多达几十条，分布在 45～50 cm 深的土层中，吸收水分能力强，隔年不枯死。纤维状根称“上盘根”“不定根”，发生较迟，在地上茎抽生 15 天左右、苗高 10 cm 以上时开始发生；形状纤细，数目多达 180 条，分布在土壤表层，有固定和支持地上茎的作用，亦有吸收养分的作用；每年与茎干同时枯死。

百合茎有鳞茎和地上茎之分。鳞茎球形，淡白色，先端常开放如莲座状，由多数肉质肥厚、卵匙形的鳞片聚合而成。地上茎直立，圆柱形，常有紫色斑点，无毛，绿色。有的品种(如卷丹、沙紫百合)在地上茎的腋叶间能产生“珠芽”；有的在茎入土部分，茎节上可长出“籽球”，珠芽和籽球均可用来繁殖。

百合叶片总数可多于 100 张，互生，无柄，披针形至椭圆状披针形，全缘，叶脉弧形。有些品种的叶片直接插在土中，少数还会形成小鳞茎，并发育成新个体。百合花大、多白色、漏斗形，单生于茎顶。蒴果长卵圆形，具钝棱。百合种子多数，卵形，扁平。6 月上旬现蕾，7 月上旬始花，7 月中旬盛花，7 月下旬终花，果期 7—10 月。

(二)生物学特性

龙牙百合性喜冷凉、湿润气候及半阴环境，喜肥沃、腐殖质丰富、排水良好、结构疏松的砂壤土，稍偏酸性土为好。土壤湿度过高则引起鳞茎腐烂死亡。对土壤要求不严，但在土层深厚、肥沃疏松的砂壤土中，鳞茎色泽洁白、肉质较厚。黏重的土壤不宜栽培。根系粗壮发达，耐肥。忌连作，与豆类和禾本科作物轮作较好。

三、栽培及管理技术

(一)繁殖技术

百合无性繁殖和有性繁殖均可。

1. 无性繁殖

生产上主要有鳞片繁殖、籽球繁殖和珠芽繁殖 3 种。

(1)鳞片繁殖。秋季,选健壮无病、肥大的鳞片在 1∶500 的苯菌灵或克菌丹水溶液中浸 30 min,取出后阴干,基部向下,将 1/3～2/3 鳞片插入有肥沃砂壤土的苗床中,密度(3～4) cm×15 cm,盖草遮阴保湿。约 20 天后,鳞片下端切口处便会形成 1～2 个小鳞茎。培育 2～3 年鳞茎可重达 50 g,每亩约需种鳞片 100 kg,种植大田 15 亩左右。

(2)小鳞茎繁殖。百合老鳞茎的茎轴上能长出多个新生的小鳞茎,收集无病植株上的小鳞茎,消毒后按行株距 25 cm×6 cm 播种。经一年的培养,一部分可达种球标准(50 g),较小者,继续培养一年再作种用。

(3)珠芽繁殖。珠芽于夏季成熟后采收,收后与湿润细沙混合,贮藏在阴凉通风处。当年 9—10 月,在苗床上按 12～15 cm 行距、深 3～4 cm 播珠芽,覆 3 cm 细土,盖草。

2. 有性繁殖

秋季将成熟的种子采下。在苗床内播种,第二年秋季可产生小鳞茎。此法繁育时间长,种性易变,生产上少用。

(二)科学选地

选择光照充足、土层深厚、排灌方便、pH 为 5.7～6.3 的酸性砂壤土栽培,前茬作物为豆科或禾本科植物为好,应轮作,不宜连作。

(三)选用良种

应选个头大、品质好、抗逆性强、生长旺盛、产量高的品种。一般采用小鳞茎(单果重 30～50 g),无漏底、无病斑、无机械损伤的健壮鳞茎作种,以保证出苗整齐,感病少,当年种植,翌年即可以收获。如种源不足也可用鳞片繁殖,但须连续种植 3 年才能收获。7 月份采种,经过沙藏后熟,在 8 月下旬至 9 月播种。

(四)整地及播种

在 8 月份每亩撒石灰 100 kg 左右,三元复合肥 30～40 kg,深翻土 2～3 遍,整地做畦,畦面宽 1 m 左右,畦高 20～30 cm,做到不渍水,然后开沟种植。沟底施腐熟的碎牛栏粪、鸡粪、灶灰等有机肥,每亩施 1 200～1 500 kg,上覆一层薄土,种球不能接触有机肥。栽培密度为 30 cm×20 cm,每亩用种量为 125～150 kg。

(五)田间管理技术

百合播种后覆土盖草,便于冬季防冻、保湿。第 2 年出苗前半个月,选晴天点火将盖草烧掉,既可杀死越冬害虫和病原物,减轻病虫害的发生,又可保温提早出苗。

1. 追肥

百合苗萌发后 1 个月左右,结合浅中耕除草,用腐熟稀粪水进行追肥催苗,4 月份追施第 2

次肥，以三元复合肥为主，以促进苗的生长。现蕾前可追施第 3 次肥，这次肥以有机肥和复合肥为主，并补施 0.2%的磷酸二氢钾，以促进鳞茎迅速膨大。如遇天旱，要适当浇水，梅雨和暴雨季节要注意开沟排水。

2. 打顶摘花蕾

百合生长旺期在 5 月上旬至 6 月下旬，此时要注意及时打顶，摘除花蕾及球芽，同时在收获前 1 个月左右，在生长点往下 10 cm 左右打顶，减少养分消耗，促进鳞茎生长发育。

（六）病虫害防治

1. 病害防治

百合的主要病害有立枯病、根腐病。播种前，用 40%甲醛溶液加水稀释 50 倍浸种 15 min，晾干后播种，出苗前用 1∶2∶200 波尔多液喷洒 1 次，出苗后用 25%多菌灵可湿性粉剂 1 000 倍液或 80%代森锰锌可湿性粉剂 600～800 倍液、50%甲基托布津乳油 600～1 000 倍液，每隔 7～10 天轮换使用 1 次，连续喷 2～3 次。

2. 虫害防治

对地下害虫可用 50%辛硫磷乳油 800 倍液或 3%乐斯本颗粒剂拌成毒土，均匀撒入种植沟内；蚜虫用 10%吡虫啉可湿性粉剂 2 000 倍液喷雾，每隔 7～10 天喷 1 次。

四、采收与加工

定植后的第二年秋季，待地上部分完全枯萎，地下部分完全成熟后采收。百合一般在大暑节前后（7 月下旬）选晴天采挖。收后，切除地上部分，须根和种子根，放在通风处贮藏。亩产 1 500 kg 左右，折干率 30%～35%。

加工可分如下几步。

（1）剥片，即把鳞片分开，剥片时应把外鳞片、中鳞片和芯片分开，以免泡片时老嫩不一，难以掌握泡片时间，影响质量。

（2）泡片，待水沸腾后，将鳞片放入锅内，及时翻动，5～10 min，待鳞片边缘柔软，背部有微裂时迅速捞出，在清水中漂洗去黏液。每锅开水，一般可连续泡片 2～3 次。

（3）晒片，将漂洗后的鳞片轻轻薄摊晒垫，使其分布均匀，待鳞片六成干时，在翻晒直至全干。

以鳞片洁白完整，大而肥厚者为好。

樟头红

一、概述

樟头红又名化红、红橘，为芸香科柑橘属柑橘的一个变种，属地方良种杂交柑橘树。江西为樟头红的主要产区，尤其以江西新干三湖、樟树等地最为出名，因每年最早在樟树上市，故名樟头红。三湖红橘经农业农村部批准为全国农产品地理标志。

樟头红不仅产量丰富，且药用意义重大。樟头红味甘酸、性凉，入肺、胃经，具有开胃理气、止咳润肺的功效。可用于治疗胸膈结气、呕逆少食、胃阴不足、口中干渴、肺热咳嗽及饮酒过度等。研究表明，三湖樟头红橘皮的挥发油、橙皮苷等成分含量较高，可以广泛开发利用。

二、形态特征与生物学特性

樟头红树冠高大，幼树枝直立，老树梢张开。果实扁圆形，成熟果实 100～150 g，果蒂四周平或隆起，上具沟棱，果皮较厚，橙红色有光泽，油点密生而突出，10 月上旬成熟。栽培历史悠久，性状稳定。

樟头红有较好的适应性能，其根系发达，耐瘠耐旱性较强，耐寒性也很强，耐涝性很差。树势强旺，主侧枝分枝角度大，多呈水平状分布，树冠紧凑，树姿呈圆柱形。4～5 年进入高产壮年阶段，科学管理，可延续高产 35 年左右。

三、栽培及管理技术

(一)种苗繁殖

樟头红可采用扦插或嫁接繁殖，也可采用种子繁殖，目前比较常用的方式是嫁接繁殖。

1. 苗床处理

可选在地势平坦、土壤干燥、排水顺畅的地块种植，土壤以质地疏松，结构良好，富含有机质，排水良好的土壤为好。种植前，将土壤进行整理、翻耕，每亩施入 1 000 kg 腐熟的有机肥，翻入土中作基肥，再充分耙细整平，作宽 1.3 m 高畦播种，四周开好较深的排水沟。

2. 嫁接繁殖

嫁接法繁殖目前比较常用的方法有切接法、腹接法以及芽接法。砧木可选用根系发达、适应性强、早丰产、符合当地生态条件的品种，江西地区可选用枳橙等作为砧木。

使用切接法要在嫁接前一周将砧木上部剪除，仅保留 15～20 cm 砧桩即可。接穗在距离芽眼下 1.5 cm 处，斜 45°削段，即短削面；翻转接穗，紧靠芽眼下方开始向下削皮面，即长削面。砧木切口部位在离地约 10 cm 处纵切一刀，以只削到形成层为准，切口要平直。将接穗插入砧木切口内，将长削面紧贴于砧木削面上，用塑料薄膜从下往上捆扎，将短削面捆紧，全部伤口捆在薄膜内。

腹接法操作简便易活，以单芽腹接法应用最多。具体操作先将需嫁接部位的树皮用刀向下斜削 3～5 cm，再垂直一刀切除树皮。从选好的枝条上挑一饱满的芽，从芽下方 45°削短。把枝条削面插入树皮切口内，从芽眼上方 1 cm 处垂直切断枝条。

芽接法在削取芽片时，从芽的下端 1 cm 处往芽的上端平削至芽的上方 0.5 cm 处为止，再与芽上方横切一刀，将芽片取下。砧木接口要求是在离地面 5～15 cm 处。将砧木横切一刀，深达木质部，宽约 1 cm，从切口中央部位向下纵切一刀，长约 1.5 cm。将皮层剥开，插入芽片，用薄膜捆扎，露出芽眼即可。最后用薄膜捆扎。

(二)栽培技术

1.选地整地

要求土壤土层深厚(60 cm)、肥沃，土壤 pH 在 5.5～7.0，地势坡度低于 25°。园地规划时，应有必要的道路、排灌、蓄水和附属建筑设施，尽可能做到集中成片，在交通、水源条件好的地方建园。

2.定植时间

一般在 9—11 月秋梢老熟后或 2—3 月春梢萌芽前栽植。采用株行距 3 m×4 m 的密度进行栽植，每亩植 55～60 株。

3.定植方法

拉线定距，挖定植穴，穴深、宽各 80 cm，然后压绿肥 50 cm 深，回填土 40 cm 高栽植，田起垄栽植：8 m 带沟(沟宽 60～70 cm，深 40～50 cm)开厢，每厢起 2 垄(垄宽 1.5 m，垄高 20～30 cm)。栽植时将苗木的根系适度修剪后放入定植穴中央，舒展根系，扶正，边填土边轻轻向上提苗、踏实，使根系与土壤密接。浇足定根水，在树苗周围做 1 m 的树盘，用糠壳覆盖即可。

(三)田间管理

1.施肥

原则上提倡多施有机肥、合理施用无机肥和配方肥料，同时根据土壤情况以及苗木长势合理选择肥料。

一般以土壤施肥为主。采用环沟、条沟、穴施等方法。幼树以氮肥为主，配合施用磷、钾肥，春、夏、秋梢抽发期施肥 5～6 次，每次每株施碳铵 0.02 kg 或尿素 0.01 kg。1～3 年幼树单株年施纯氮肥 0.1～0.4 kg，氮、磷、钾比例以 1.0∶(0.4～0.5)∶1.0 为宜。成年树施好四次肥，即萌芽肥、保果肥、壮果肥、采果肥。施肥量：一般萌芽肥施 1～1.5 kg 化肥；保果肥施 0.5～1 kg 磷钾肥＋0.5 kg 化肥；壮果肥施 0.5～1 kg 化肥＋0.5～1 kg 磷钾肥；采果肥(基肥)以有机肥为主，每株施 25～50 kg 有机肥＋0.5～1 kg 化肥。

2.除草

全年中耕除草 6～8 次，分别于 4—8 月、11 月进行，每月 1～2 次。夏至前雨水多，应少锄浅锄(深 3～4 cm)，以防积水烂根。夏至后宜多锄深锄(深 5～6 cm)，可保水防旱。经常保持橘园土壤疏松、无杂草。同时也可在 9 月中、上旬覆盖反光地膜，即可保持土壤湿润，降低地表温度，并利用反射阳光，以提高红橘糖分、固形物含量等，使橘果表皮着色均匀，提高红橘外形及内在品质，也可抑制杂草生长，减少施药、施肥、除草等人工成本。

2. 修剪

幼树以轻剪为主。选定中央的延长枝和各主枝、副主枝延长枝后，对其进行中度甚至重度短截，并以短截程度和剪口芽方向调节各主枝之间生长的平衡。除对过密枝群作适当疏删外，内膛枝和树冠中下部较弱的枝梢一般应保留；初结果期则继续选择短截处理各级骨干延长枝，抹除夏梢，促发健壮秋梢。秋季对旺长树采用环割、断根、控水等措施；盛果期应及时回缩结果枝组、落花结果枝组和衰退枝组，剪除挡光枝、枯枝、病虫枝。

(四)病虫害防治

病虫害防治按照"预防为主，综合治理"的总方针，根据病虫害发生、发展规律，因时、因地制宜地合理运用物理、生物、化学防治等措施，经济、安全、有效、简便地控制病虫害。樟头红主要病虫害有：红蜘蛛、黑刺粉虱、介壳虫、天牛和溃疡病、沙皮病等。

3 月下旬喷施 10.5%阿维·哒螨灵水乳剂3 000 倍液＋18%松脂酸铜 500 倍液＋0.4%硼肥＋0.3%硫酸锌，主治红蜘蛛和溃疡病、沙皮病等；4 月中旬喷施 37%苯醚甲环唑 3 000 倍液加 50%多菌灵可湿性粉剂 1 000 倍液，防治幼果沙皮病和保花保果；6 月上旬喷施矿物油 200 倍液＋甲基硫菌灵 500 倍液，主要防治介壳虫、黑刺粉虱； 7 月上旬喷施 5%虱螨脲悬浮剂 1 500 倍液＋45%毒死蜱 1 000 倍液＋12%松脂酸铜悬浮剂 800 倍液＋59%康朴叶面肥 1 000 倍液，主治锈壁虱、卷叶蛾，同时注意及时捕杀天牛成虫，毒杀幼虫；8 月上旬喷施 18%吡虫·噻嗪酮800 倍液＋10%氨基酸 600 倍液，主治锈壁虱、介壳虫； 9 月中、下旬喷施 22%阿维 · 螺螨酯悬浮剂 1 000～1 500 倍液＋20%高氯 · 辛硫磷 800 倍液＋59%康朴叶面肥 1 000 倍液，主治红蜘蛛；11 月中、下旬用 20%噻嗪·哒螨灵乳油300 倍液或 1 波美度的石硫合剂叶面喷雾，降低越冬病虫基数。

四、采收

1. 采收

根据果实成熟度、用途以及市场需求目的确定采收期。做陈皮用一般在 11 月中旬左右采收。应注意雨天及果面露水未干时不宜采果。采果者应戴手套，用圆头果剪将果实连同果柄一起剪下，再剪平果蒂，轻拿轻放。要求所有盛果的容器内壁光滑，采下的果实应及时运往包装场或储藏库，避免日晒雨淋。

2. 加工技术

采收的樟头红需要经过洗果，然后进行开皮。开皮一般采用正三刀或对称二刀法进行，此法所得的柑皮均匀对称，外皮卷曲面积大，便于后期翻皮和晒制中保证柑皮的完整度。然后将开好的柑皮置于通风处晾晒 4～5 h，晾晒过程还要及时将柑皮翻开晾晒。经过晾晒之后再置于阳光下晒制，让水分进一步蒸发、干燥，也可置于低温烘房(最高温度不超过 45 ℃)烘干，使其含水量不超过 13%，达到《中国药典》对陈皮含水量的规定即可。

铁皮石斛

一、概述

铁皮石斛为兰科石斛属植物铁皮石斛的干燥茎。味甘，性微寒，具有益胃生津、滋阴清热、明目利嗓等功效，自古以来被认为是滋阴补益珍品，一直以来和灵芝、人参、冬虫夏草等被列为上品中药。道家养生经典《道藏》誉其为“中华九大仙草之首”，药用价值非常高，有“救命仙草”“药中黄金”的美称。

铁皮石斛是中国特有的名贵药材，生长较慢、自然繁衍率很低。主要分布于安徽、浙江、江西、福建、广西、四川、云南等地，江西鹰潭、抚州、宜春、赣州均有栽培。

二、形态特征与生物学特性

铁皮石斛，茎直立，圆柱形，长 9～35 cm，粗 0.2～0.4 cm，不分枝，具多节，节间长 1.3～1.7 cm，常在中部以上互生 3～5 枚叶；叶二列，长圆状披针形，长 3～4 cm，宽 0.9～1.1 cm，先端钝并且多少钩转，基部下延为抱茎的鞘，边缘和中肋常带淡紫色；叶鞘常具紫斑，老时其上缘与茎松离而张开，并且与节留下 1 个环状铁青的间隙。总状花序常从落叶的老茎上部发出，具 2～3 朵花，花序柄长 0.5～1 cm，基部具 2～3 枚短鞘，花期 3—6 月。

铁皮石斛适宜在凉爽、湿润、空气畅通的环境生长，多生于海拔达 1 600 m 的山地半阴湿的岩石上，喜温暖湿润气候和半阴半阳的环境。

三、栽培及管理技术

目前人工种植的铁皮石斛主要以组培快繁方式进行育苗。

（一）栽培技术

1. 组培苗处理

组培苗移栽前先进行 14～21 天的炼苗，即将组培苗移至炼苗房，使其逐渐适应自然环境，待组培苗叶色浓绿时即可出瓶种植。

2. 移栽条件

铁皮石斛每年春、秋两季均可移栽，多以春季为主。一般 3 月下旬至 6 月底为铁皮石斛的适宜移栽季节，以气温在 12～25 ℃为宜，此时，空气湿度较大，出瓶后的试管苗移栽成活率较高且生长时间较长，若温度过高，幼苗容易被灼伤，进而干枯、脱水、死亡，一般采用 80%的遮阳网覆盖，降低光照，以利于降温。铁皮石斛不耐寒，秋季移栽要做好抗旱防冻工作。

铁皮石斛栽培基质主要是树皮、木屑，或树皮、木屑、碎石、有机肥的混合物等简单易得的基质为主，其中树皮要粉碎成 2～3 cm 以下颗粒。

3. 栽培方法

(1)荫棚栽种。铁皮石斛对生长环境中水分、温度、通气等条件要求较高，采用荫棚栽种，条件相对稳定、容易控制。大棚的建造要求通风、遮阴挡雨、有防虫网，棚的大小要根据种植规模合理设计，一般长 30 m、宽 6～8 m，肩高 1.8 m，脊高 4 m 左右；苗床之间要预留宽 1 m 左右的过道，以便管理。夏季炎热可采用 80％的遮阳网覆盖，掀开塑料薄膜，以利于降温。组培苗根长在 0.5～1.0 cm 时是移植的最佳时期。幼苗经过炼苗后，按 10 cm×15 cm 的株行距种植，浇足底水。铁皮石斛为群居植物，以 3～5 株为 1 丛种植为宜。

(2)附主栽种。铁皮石斛是附生植物，人工栽培也可模拟自然环境条件进行栽植，主要有贴树、贴石栽培。

贴树栽种时可选择树皮厚、水分含量高、树冠浓密、树皮有纵沟的阔叶树种（如黄葛树、梨树、樟树等）作为栽培附主。具体做法是在较平且粗的树干或树枝凹处间隔 30～50 cm 用刀砍上一浅裂口，并剥去一些树皮，然后将已备好的一年生假植苗，用竹钉或绳索将基部固定在树的裂口处，再用牛粪泥浆（用牛粪与泥浆拌匀）涂抹在其根部及周围树皮沟中，再用绳索捆牢，使其新根长出后沿树体紧密攀缘生长。

贴石栽种则选择质地粗糙，松泡易吸潮，表面附着腐殖土或苔藓的石块作为栽植附主。具体做法是将分成小丛的一年生铁皮石斛假植苗的根部，用牛粪泥浆、苔藓等包住，塞入岩石缝或槽内，或将小丛一年生铁皮石斛假植苗直接放入已打好的窝内，然后用打窝时的石花均匀地将基部压实，以风吹不倒为度，将基部和根牢固地固定在石窝内即可。

(二)管理技术

1. 温度

铁皮石斛的适宜生长温度为 15～28 ℃，夏季温度高时，大棚内须加强通风散热，通过设遮阴棚、喷雾降温、通风降温等方式调控棚内温度；在冬季气温低时，应将设施大棚密封好，必要时可通过各种加热方式使得设施内温度上升以防冻伤植株。生长期的铁皮石斛遮阴度以 60％左右为宜。幼苗刚定植完成时，大棚须盖有 70％遮阴度以上的遮阴网，以防强光暴晒导致幼苗萎蔫，影响成活率。

2. 水分、湿度

水分管理是铁皮石斛栽培过程中的关键环节之一。刚移栽的幼苗对水分最敏感，此时一般应控制基质的含水量在 60％～70％为宜，以手抓基质有湿感但不滴水为宜。移栽后 7 天内空气湿度保持在 90％左右，7 天后，植株开始发生新根，空气湿度保持在 70％～80％。夏、秋高温尽量控制水分，以基质含水量在 40％～50％为宜；进入 11 月以后的冬季，气温逐渐降低，温度在 10 ℃以下时铁皮石斛基本停止生长，进入休眠状态，此时对水分的要求很低，应控制基质含水量在 30％以内。

3. 施肥、除草

栽种一周后，可喷施叶面肥。10 月下旬追施一次尿素和磷酸二氢钾 20 kg/亩。根据实际情况，应实施人工除草和疏松基质。

4. 病虫害管理

铁皮石斛病虫害防治应坚持“预防为主、综合防治”原则。禁止使用高毒、高残留农药，有限度地使用化学农药，尽量使用物理方法，严格掌握用药量和用药时期，尽量减少产品农药残留。

夏季高温、高湿的环境中易发生软腐病，且发病快，严重时，整株腐烂解体，呈湿腐状。具体防治措施是：发病初期，用77%可杀得101可湿性粉剂2 000 mg/kg防治效果最好，喷药后12天防治效果可达78%以上，也可用80%甲基托布津可湿性粉剂800倍液喷雾。同时，还要加强棚内管理，注意通风透光和降低棚内湿度。一般3—5月可发生黑斑病，可用50%多菌灵可湿性粉剂1 000倍液喷雾2～3次。炭疽病主要为害叶片及肉质茎，受害叶片出现褐色或黑色病斑，1—5月均有发生，可用50%多菌灵可湿性粉剂1 000倍液或50%甲基托布津1 000倍液喷雾2～3次。

蜗牛比较常见，主要为害幼茎、嫩叶、花蕾和幼果。可用人工捕杀、毒饵诱杀或撒石灰、茶麸防治。红蜘蛛可通过清除周边环境的杂草或喷800～1 000倍低毒杀螨剂防治。

四、采收及加工技术

1. 采收、贮存

铁皮石斛每年12月至开花前，采取采旧留新的采收方式。在不控花的情况下，铁皮石斛2年生或3年生萌蘖开花前采收最佳，此时多糖含量最高。具体做法是采收时根部留2～3 cm长的根头，采收2年生萌蘖，可以连续收获8年以上。在采收时应注意有露水时或下雨时不能采收；晴天以中午12点后采收为好。采收时使用较锋利的刀片，从距采收节间1/3处，向下以45°角快速割下，当天傍晚用多菌灵、百菌清等杀菌农药喷雾防止割口细菌传染和蔓延。采收后及时剔除病株，称量，检测多糖、水分，检测农药、重金属残留等项目，对不符合质量标准的产品及时处理。铁皮石斛鲜品可在0～4 ℃条件下贮存。

2. 加工

鲜铁皮石斛原料去根、花序梗，并剥去叶鞘，短条留用，切成7～10 cm的短段。低温烘焙，除去水分并软化以便于卷曲，同时在软化过程中尽可能除去残留叶鞘。卷曲加箍使其卷曲紧密，不致散开，形态美观，均匀一致。加箍的材料一般是稻草秆。最后低温干燥至表面呈金黄色即可。

覆盆子

一、概述

覆盆子是蔷薇科悬钩子属的多年生落叶小灌木植物，又称悬钩子、覆盆、覆盆莓、树梅、树莓、野莓、木莓、乌藨子，是一种常见野果。

覆盆子系药食同源植物，干燥未成熟果实入药，味甘、酸，性温。归肝、肾、膀胱经。具有益肾固精缩尿壮阳，养肝明目的功效，用于治疗遗精滑精、遗尿尿频、阳痿早泄、目暗昏花。成熟的果实，味道酸甜，可作鲜果食用。覆盆子果可加工成饮料、果酱、酿酒、泡酒、熬糖、制醋、果汁等，花是重要的蜜源植物，种子可药用、榨油，根茎部也可药用。覆盆子还是绿化观赏树种。

华东覆盆子，其叶形多为五裂，似掌状，又名为掌叶覆盆子。掌叶覆盆子自然分布于江西、浙江、安徽、福建、江苏等华东地区，主产浙江、江西。覆盆子是江西道地特色中药材，江西主要栽培区在德兴等地，德兴覆盆子被农业农村部认定为地理标志产品。

二、形态特征及生物学特性

覆盆子是一种藤状灌木，高 1～2 m；枝褐色或红褐色，幼时被茸毛状短柔毛，疏生皮刺。小叶 3～7 枚，长卵形或椭圆形。

每年 3—4 月，覆盆子地上部分首先由二年生基生枝上的腋芽萌发，长成 10～20 cm 长的结果枝，每节结果枝上通常只有 1 朵花和 3 片叶，花与幼叶同期生长。同时，基部茎根上的休眠芽也萌发生长，钻出土面形成基生枝，基生一年生枝当年不抽生结果枝，至第二年春季才由基生枝上的腋芽萌发长成结果枝。在二年生果枝开花同时，三年生的老枝已经枯死(第二年冬季逐渐枯死)。覆盆子的果实是一种聚合果，果实近球形，有红色，金色和黑色。

覆盆子喜温暖湿润气候，喜温、喜阳光、不耐炎热，野生于山坡路旁灌丛、松林边缘，繁殖力强，适合生于丘陵、山区。

覆盆子对土壤要求不严格，适应性强，但以土壤肥沃、保水保肥力强及排水良好的微酸性土壤至中性砂壤土及红壤、紫色土等较适宜种植。

覆盆子的根系较浅，一般在 10～30 cm 土层中水平生长，根状茎上长出新的基生枝，新的基生枝可以形成根蘖株系，3 年以后将变成一丛或几丛。覆盆子不耐旱，水分不足会抑制生长和结果。

覆盆子一般栽后2年见果，3年丰产，4～5年时产量最高，盛果期可长达15年左右。

三、栽培及管理技术

(一)种苗繁殖

覆盆子繁殖有分株繁殖、根插繁殖、压条繁殖、种子繁殖等，大量育苗可采取种子繁殖。

1. 育苗地准备

育苗地应设置在交通方便、地势较平坦、背风向阳、排灌良好地段，要求肥沃、土层厚度50 cm以上的微酸性砂壤土或壤土。苗地深翻耕25～30 cm，做到地平土碎，清除草根、石块。翻耕圃地时每亩用30～40 kg生石灰翻入土中。结合翻耕每亩施腐熟的有机肥2 000～3 000 kg，做床时施菜枯饼100 kg、钙镁磷肥50 kg。按宽100～120 cm，高20 cm，步道宽30 cm开沟起垄做床。用黄心土和腐熟有机肥按7∶3充分混匀，再按照每立方米混合肥土加45%三元复合肥1 kg、钙镁磷肥5 kg和适量杀菌剂混拌均匀，堆沤30天后过筛，制成营养土。将配制好的营养土摊平到苗床畦面上，畦内浇一次透水，等水渗下后，再撒一层薄土。

2. 育苗方法及苗期管理

(1)分株繁殖。覆盆子植株根茎部会萌发出很多基生枝，秋季或春季将植株蔸部挖起分苗，若苗的茎基部粗度在0.5 cm以上时即可直接栽植；否则移入苗圃中进行培育。

(2)根插育苗。根条采集处理：选择生长健壮、分枝多、结实量多、株型匀称的植株为采根母树，挖取其周围根条。取直径0.4～0.7 cm的根截成长20 cm的根条，用50 mg/kg的绿色植物生长调节剂GGR 6号溶液浸泡30 min。在苗床上开深10 cm的沟，将根条平铺在里面，覆土后压实浇水，保持床面湿润，不得积水。冬季和早春需盖拱棚保温。埋根1个月后即可产生不定芽，当芽苗长至20 cm时，将根条取出后按株距10 cm、行距15 cm分苗培育。

(3)压条繁殖。每年8月，选择4～8年生已开花、生长健壮的母株，将近地面的一年生枝条轻度割伤后压入土中，压条部分可长出新不定根并抽生新梢，第二年春季挖取新植株另行栽植。

(4)种子繁殖

①采种。选生长健壮、结实多、挂果期长、茎叶略呈红色、多分叉且株型均匀的优良母树采种。采种期5月中旬至6月上旬，为果实颜色鲜红、完全成熟阶段。选用无病虫害、籽粒饱满、千粒重在1 g以上、无机械损伤的种子。

②催芽。将种子用200 mg/L的赤霉素溶液30 ℃浸种8 h，再15 ℃浸种16 h，然后转移至清水中，再次30 ℃浸种8 h加15 ℃浸种16 h，然后用砂纸或细沙轻擦种子，湿沙层积贮藏60天，至50%的种子开始露白时即可播种。

③播种。2月下旬至4月初撒播，将已催芽种子与干净细沙混合均匀后撒在畦面上，播种后用火烧土或细土覆盖，厚度以不见种子为度，再用稻草覆盖。播种量每亩0.5 kg。播种后盖上30 cm高的小拱棚。

④幼苗管理。60%～70%的种子发芽、幼苗出土时分2次揭草，选阴天或傍晚时进行，第一次揭草2/3，隔7～10天再将剩余草全部揭除。揭草后注意防旱、保湿。及时除草，保持育苗地无杂草。保持土壤湿润，适时适量灌溉。及时排水、防涝，不得积水。

⑤移栽容器培育。容器宜使用 8 cm×12 cm 或 10 cm×10 cm 的无纺布容器袋。营养土用杀菌剂消毒 2～3 天后，装入容器袋，装营养土时注意力度合适，轻轻压实。选取 4～5 叶小苗进行移栽。从苗床将苗轻轻取出，用竹签在营养土钵中挖一个孔，深 5 cm，将幼苗置于孔中，舒根，用竹片轻压周围基质，将根系埋住，每钵栽 1～2 株。随栽随淋定根水，移栽结束后浇透水，每 2～3 天浇适量水，7 天后再浇一次透水。维持土壤持水量的 70%～80%。覆盖遮阴，注意控温，白天 20～25 ℃，夜间 12～15 ℃。

⑥追肥。在幼苗 2～3 片真叶开始，根据苗木生长情况，每隔 10 天亩用尿素 400 g 加磷酸二氢钾 200 g 兑水 100 kg 喷施，第 3 次起则亩喷施 45%硫酸钾型复合肥 1 kg 加磷酸二氢钾 250 g 兑水 100 kg，9 月上旬亩施硫酸钾 10 kg，之后停止施肥。

3. 种苗出圃要求

要求种苗色泽正常，叶片鲜绿，根系发达，健壮，无病虫害。

(二)栽植技术

1. 选地整地

海拔 200～800 m、坡度为 5°～30°的缓坡山地、丘陵区域，选择地形平缓的坡地，土壤 pH 为 4.5～7.0，湿润、疏松、肥沃排水良好的轻黏壤土至砂壤土。秋季整地，清理山场后机械化条垦或全垦，起垄高 30 cm。然后根据肥力状况按株距 0.8～1.0 m、行距 2.5～3.0 m，宽行定植，或株距 1.3～1.5 m、行距 1.5～2.0 m，每亩栽 222～333 株。挖 30 cm 见方，深 25 cm 的穴，每穴施 0.5～1 kg 有机肥及 50 g 钙镁磷肥或 45%硫酸钾型复合肥 25 g，并与表土拌匀回填。

2. 起苗定植

11 月份至翌年 3 月上旬，选择阴天或小雨天栽植。起苗时应尽量多保留须根，起苗时间根据栽植时间而定，随起、随运、随栽，异地运苗注意保湿。栽植前修剪苗木，过长主根留长度 15 cm，苗干留 20 cm 截顶；根部用 50 mg/kg 的绿色植物生长调节剂 GGR 溶液浸泡苗木根系 30 min 或调泥浆蘸根。在施肥回土后备好的栽植穴挖深 20 cm 的坑，将种苗放入后填土，稍用力向上提苗，使种苗根系舒展，压实，浇足定根水，再覆土至略高于地面。

(三)田间管理

1. 中耕除草

视杂草情况及时除草，通常 3—4 月中耕除草 2 次，冬季培土除草 1 次。夏末秋初旱季不宜中耕除草。中耕深度 6～10 cm，根际周围宜浅，远处可稍深，切勿伤根。后期枝条郁闭时，只能割、拔除草。

2. 科学施肥

一般施肥 3 次：第 1 次 3 月上旬萌芽期，每亩施 45%复合肥 30 kg；第 2 次夏季去除老枝后，每亩施 45%复合肥 20 kg；第 3 次在秋、冬季结合垦复施肥，除草、清园、培土的同时，每亩沟施菜枯饼肥 50 kg 或穴施有机肥 1 000 kg，同时可加钙镁磷肥 50 kg。另外，开花期可用硼砂

加磷酸二氢钾加尿素液喷雾，浓度均为 0.2%。覆盆子为浅根作物，不耐旱，水分不足会抑制生长和结果，影响产量，尽可能采取节水灌溉水肥一体化方式管理。

3. 搭架引缚

覆盆子枝条柔软，常因果实重压下垂到地面，弄脏果实，还造成通风透光不良，或遇风易倒伏，影响产量和质量。因此，春季结合修剪，在株间竖立支柱将枝条引缚到支柱架上。

4. 整形修剪

3 月份春剪，剪去顶部细弱干枯部分；5 月份果实采完后夏剪，剪除全部 2 年生枝（当年已采完果枝），当年生基生枝打顶截短至高 1～1.4 m，每丛保留约 5 个健壮基生枝，多余基生枝从根基部去除；9—11 月秋剪，疏除过密枝、病虫害枝。

(四)病虫害防治

预防为主、综合防治，优先采用农业、物理、生物防治措施：采用频振式杀虫灯或黑光灯、粘虫板、糖醋液等诱杀害虫，保护和利用天敌，控制病虫害的发生和危害，应用有益微生物及其代谢产物防治病虫。使用农药优先选用高效低毒生物农药，尽量减少使用化学农药。

1. 叶斑病

初在叶片正面出现黑褐色的斑点，形状不规则，边缘较模糊，后增大褪色，呈灰白色。主要为害结果植株的老叶，新生枝的嫩叶上也有少许分布。防治方法：及时疏沟排水，降低田间湿度，保持通风透光，增强植株抗病力；发病前期喷 10%苯醚甲环唑颗粒剂 1 000 倍液，或 80%代森锰锌可湿性粉剂 800 倍液防治。

2. 根腐病

病株地上部的症状表现为局部枝条或全株叶片萎蔫。病害主要发生在植株的根颈部，并沿主根向下扩展，逐渐造成全株死亡。防治方法：加强排水，降低土壤湿度，拔除病株，病穴撒生石灰消毒，多施草木灰等钾肥，以增强植株抗病力。

3. 虫害

覆盆子虫害发生较少。小猿叶甲主要在 5 月份食叶为害；茎蜂（钻心虫）主要在 5—6 月份蛀食茎秆和根部；蚜虫多发生在 3—6 月份为害叶片。金龟子幼虫和成虫分别为害苗木根部和枝叶。金龟子主要是傍晚和夜间为害，有假死性，体壳坚硬，不易防治。防治方法：及时剪除受害的枝叶，人工捕杀害虫；喷 90%晶体敌百虫 800 倍液，7～10 天 1 次，连续喷 2～3 次，或用 50%吡虫啉可湿性粉剂 1 000 倍液喷雾防治。苗圃蛴螬（金龟子幼虫）在发生初期用 5%辛硫磷颗粒剂每 2.5 kg/亩拌 2～2.5 kg 细沙或煤渣均匀撒施防治；金龟子成虫用 20%氯虫苯甲酰胺悬浮剂 1 000～2 000 倍液防治，发生初期喷雾使用，喷药时间为下午 4 点以后。

四、采收与加工技术

4月底至5月中旬果实颜色由绿变绿黄时采收，直接采摘或剪果枝回室内用脱果器脱果。果实采回后，除净梗、叶等杂质，用沸水烫 2～4 min，然后置于篾垫上在阳光下晒干，或 60 ℃以下低温烘干，筛去灰屑，除杂。成品含水量应不超过 12%。

成品以粒完整、坚实、色黄绿、味酸、无梗叶屑者为佳。如采收成熟的果实，由于成熟期不一致，应分批采收。当果实有品种风味、香气和色泽时，适时采收。

黄 精

一、概述

黄精为百合科植物黄精的干燥根茎。根茎横走，圆柱状，结节膨大。品种有鸡头黄精、黄鸡菜、笔管菜、爪子参、老虎姜、鸡爪参。按药材性状不同，习称“鸡头黄精”或“姜形黄精”。黄精性平，味甘。具补脾润肺、益气养阴之功效。

黄精主产于河北、内蒙古、陕西等地。多花黄精主产于贵州、湖南、江西、云南、安徽、浙江等地。滇黄精主产于贵州、广西、云南等地。

江西宜春、抚州、吉安、赣州、景德镇等多地均可种植，主要为多花黄精。

二、形态特征及生物学特性

1. 形态特征

黄精根状茎圆柱状，由于结节膨大，因此，“节间”一头粗、一头细，

在粗的一头有短分枝(中药志称这种根状茎类型所制成的药材为鸡头黄精)，直径1～2 cm。茎高50～90 cm，或可达1 m以上，有时呈攀缘状。叶轮生，每轮4～6枚，条状披针形，长8～15 cm，宽4～16 mm，先端拳卷或弯曲成钩。花序通常具2～4朵花，似呈伞形，总花梗长1～2 cm，花梗长4～10 mm，俯垂；苞片位于花梗基部，膜质，钻形或条状披针形，长3～5 mm，具1脉；花被乳白色至淡黄色，全长9～12 mm，花被筒中部稍缢缩，裂片长约4 mm；花丝长0.5～1 mm，花药长2～3 mm；子房长约3 mm，花柱长5～7 mm。浆果直径7～10 mm，黑色，具4～7颗种子。花期5—6月，果期8—9月。

2. 生物学特性

黄精生于林下、灌丛或山坡阴湿处，耐寒，幼苗能在田间越冬，但不宜在干燥地区生长。种子发芽时间较长，发芽率为60%～70%，种子寿命为2年。

三、栽培及管理技术

(一)种苗繁殖

1. 根状茎繁殖

黄精于晚秋或早春3月下旬前后选1～2年生健壮、无病虫害的植株根茎，选取先端幼嫩部分，截成数段，每段有3～4节，伤口稍加晾干，按行距22～24 cm、株距10～16 cm、深5 cm栽种，覆土后稍加镇压并浇水，以后每隔3～5天浇水1次，使土壤保持湿润。于秋末种植时，应在墒上盖一些圈肥和草以保暖。

2. 种子繁殖

8 月种子成熟后选取成熟饱满的种子立即进行沙藏处理：种子 1 份、沙土 3 份混合均匀，存于背阴处 30 cm 深的坑内，保持湿润。待第二年 3 月下旬筛出种子，按行距 12～15 cm 均匀撒播到畦面的浅沟内，盖土约 1.5 cm，稍压后浇水，并盖一层草保湿。出苗前去掉盖草，苗高 6～9 cm 时，过密处可适当间苗，1 年后移栽。为满足黄精生长所需的荫蔽条件，可在畦埂上种植玉米。

（二）栽培技术

1. 选地、整地

选择湿润和有充分荫蔽的地块，土壤以质地疏松、保水力好的壤土或砂壤土为宜。播种前先深翻 1 遍，结合整地每亩施有机肥 2 000 kg，翻入土中作基肥，然后耙细整平，做畦，畦宽 1.2 m。

2. 种植

黄精可采用根茎及种子繁殖，生产上以使用根茎繁殖为佳，于晚秋或早春 3 月下旬前后，选取健壮、无病的植株挖取地下根茎即可作为繁殖材料，直接种植。

（三）田间管理

生长前期要经常中耕除草，每年于 4 月、6 月、9 月、11 月各进行 1 次，宜浅锄并适当培土；后期拔草即可。若遇干旱或种在较向阳、干旱地方的需要及时浇水。每年结合中耕除草进行追肥，前 3 次中耕后每亩施用有机肥 1 500 kg，与过磷酸钙 50 kg，饼肥 50 kg，混合拌匀后于行间开沟施入，施后覆土盖肥。黄精忌水和喜荫蔽，应注意排水和间作玉米。

（四）病虫害防治

1. 叶斑病

可用 65%代森锌可湿性粉剂 500 倍液防治。

2. 黑斑病

多于春夏秋发生，为害叶片。防治方法：收获时清园，清除病残体；前期喷施 1∶1∶100 波尔多液，每 7 天 1 次，连续 3 次。

3. 蛴螬

以幼虫为害根部，咬断幼苗或嚼食苗根，造成断苗或根部空洞，为害严重。防治方法：可用 50%辛硫磷乳油按种子质量 0.1%拌种；或在田间发生期，用 90%晶体敌百虫 1 000 倍液浇灌。

四、采收与加工技术

1. 采收

一般春、秋两季采收，以秋季采收的质量好，栽培 3～4 年秋季地上部枯萎后采收，挖取根茎，除去地上部分及须根，洗去泥土。

2. 加工

置蒸笼内蒸至呈现油润时，取出晒干或烘干，或置水中煮沸后，捞出晒干或烘干。

3. 产品质量标准

多花黄精：根茎连珠状或块状，稍带圆柱形，直径 2～3 cm。每一结节上茎痕明显，圆盘状，直径约 1 cm。圆柱形处环节明显，有众多须根痕，直径约 1 mm。表面黄棕色，有细皱纹。质坚实，稍带柔韧，折断面颗粒状，有众多黄棕色维管束小点散列。气微，味微甜。

以块大、肥润、色黄、断面透明者为佳。

瓜蒌

一、概述

瓜蒌为葫芦科植物栝楼或双边栝楼的干燥成熟果实，又名药瓜、大圆瓜、杜瓜、苦瓜，多年生草本植物。瓜蒌皮、全瓜蒌、瓜蒌仁、根块（天花粉）均可入药。瓜蒌皮、全瓜蒌富含三萜皂苷、有机酸、糖类及色素，有润肺祛痰、滑肠散结之功用，对肺热咳嗽、胸闷、心绞痛、便秘、乳腺炎等病有疗效。瓜蒌仁富含脂肪油，可制作成椒盐瓜蒌仁（也可直接入药），食用后能润燥滑肠，对大便燥结、肺热咳嗽、痰稠等都有疗效。根块含有丰富的蛋白质、多种氨基酸、糖类及淀粉等，具有清热化痰、养胃生津、解毒消肿等功效，可用于治疗肺热燥咳、糖尿病和疮疡疖肿等症。主产江西、山东、河南、江苏等地，江西主要在彭泽、上高、黎川、金溪、樟树、都昌等地有栽培。

二、形态特征及生物学特性

（一）植物形态

多年生攀缘藤本，藤长 5～6 m。块根肥大，圆柱形，稍扭曲，断面白色，肉质。茎多分枝，卷须细长；单叶互生，具长柄，叶形多变，通常心形。雌雄异株，雄花 3～5 朵成总状花序，萼片线形；花冠白色，裂片呈倒三角形。雌花单生于叶苞，子房卵形。瓠果近球形，成熟时橙黄色。种子扁平，卵状椭圆形，浅棕色。花期 7—8 月，果期 9—10 月。

（二）生物学特性

瓜蒌喜温暖、潮湿的环境，较耐寒，不耐干旱，忌积水。种子容易萌发，发芽适温为 25～30 ℃，发芽率 60%～80%，种子寿命为两年。

三、栽培与管理技术

（一）繁殖技术

繁殖方法有种子、块根、压条 3 种繁殖方法，生产上主要采用种子、块根繁殖。

1. 种子繁殖

因雌雄异株难以控制，一般以采收地下块根（天花粉）为主要目的时，宜采用此法。9—10 月将果大而壮实、果柄粗短的成熟果实连柄采下穿好，悬挂于阴凉、通风、干燥的室内晾干。翌年春季播种前，将种子取出放入 40 ℃左右、1%的盐水中浸泡 4～6 h，再转入冷水中浸泡 24 h，取出沥干水分，与 3～5 倍湿细沙均匀混拌，置于 25～30 ℃温室内催芽。待大部分种子裂口露白即可播种。

2. 块根繁殖

于清明节前后，选择结果 3～5 年、生长健壮、无病虫害的瓜蒌和适量的雄株（按每亩配置

10 株)，挖出块根，选取径粗 3～5 cm、断面白色、无病虫害(断面有黄筋的为病根)的新鲜块根切成 6 cm 长的小段作种根，切口处粘上草木灰(拌入 50%的钙镁磷肥)。种根喷布 0.5～1 μL/L 赤霉素液，稍晾干后横埋于施足基肥和比较湿润的坑穴中，再覆土 5 cm 左右，踏实，20 天后即可出苗。

3. 压蔓繁殖

瓜蒌的茎节易生不定根。春季将瓜蒌老蔓的叶节处呈波状弯曲压入土中，生根后从节间切断，即可成许多新株，起出后可再行栽培。

(二)选地整地

选择土层深厚、肥沃、排水良好的沙质土壤栽培为宜，按行距 1.5 m 挖深 50 cm、宽 30 cm 的沟，栽前每亩沟施腐熟厩肥、土杂肥、饼肥、过磷酸钙等混合堆沤复合肥，肥土拌匀后用细土填平沟面，随即壤干湿适中时做畦栽植。

(三)移栽

于春季 3—4 月初进行。在整好的地上，按行株距 150 cm×30 cm 挖穴，穴深宽 30 cm 以上，穴内施足基肥，再填细土 10 cm，然后每穴栽入幼苗、块根或压蔓苗 2～3 株，覆土压实根部，浇足定根水即可。

(四)田间管理

1. 中耕除草

每年春、秋季各进行 1 次中耕除草。生长期见杂草就除，保持田间无杂草，植株封行后停止。

2. 追肥、灌水

移栽后 10 天，喷施 10～20 μL/L 的赤霉素和 0.1%～0.3%尿素混合液一次，促使幼苗生长迅速；5、6、7 月份分别追施 1 次复合肥。从第 2 年开始，每年追肥 2 次：第一次在苗高 30 cm 时，每亩用腐熟厩肥 500 kg 或饼肥 30 kg、尿素 10 kg 与土杂肥 500 kg 混合堆沤后于行间开沟施入，施后覆土盖平、浇水；第二次于 6 月中旬开花前，每亩用腐熟厩肥 1 000 kg 或饼肥 50 kg、过磷酸钙 20 kg 与土杂肥 500 kg 混合堆沤后开沟施入。

3. 搭架

当茎蔓长到 30 cm 以上时，每行瓜蒌立 1 行 1.5 m 高的柱子(每隔 2.5 m 立 1 根)，2～3 行之间搭设一个横架。每株瓜蒌留粗壮茎蔓 2～3 条(其余剪除)引上架。上架后要及时整枝疏芽；摘除生长过密和细弱的分枝、徒长枝、腋芽等，使茎蔓分布均匀，通风透光良好，以减少养分无效的消耗、防止病虫的发生和方便人工授粉，增加结实率。

4. 人工授粉

瓜蒌自然结实率较低，采用人工授粉更简便，能大幅度提高产量。在开花期间，每日上午 8—9 时，用毛笔蘸取雄花粉逐朵涂抹于雌花柱头，能大幅度提高坐果结实率。

5. 稳瓜

在瓜蔓生长期间，常因茎叶徒长消耗大部分营养物质而使果实变黄凋落，造成产量损失。可在近地面藤蔓的节间处，用小刀纵划一个小口至黄水流出，即可使果实不落。

6. 保苗过冬

封冻前，从距地面 1 m 处剪除上部茎蔓，留下的茎蔓盘在地上培成 30 cm 高的小土堆，防止严寒霜冻危害。

（五）病虫害防治

瓜蒌的主要病害为根腐病和根线虫病。防治方法：播种前，深翻晒土；块根栽种前，用 40%甲基异柳磷乳油 800 倍液浸泡种根 15 min，取出晾干后栽种；发现病株立即拔除烧毁，并在病窝周围撒施生石灰粉消毒，防止病菌蔓延；发病初期，用 50%多菌灵可湿性粉剂 1 000 倍液灌根防治。

主要害虫有黄守瓜和蚜虫。防治方法：选育良种种根，可结合秋冬季采收天花粉时选留种根（选择生长健壮、无病虫害、结果 3～5 年的良种瓜蒌，挖取块根，室内沙藏或窖藏，防冻，也可以春季采挖）种根繁殖易控制植株雌雄，生产快，每亩需要种根 30～50 kg；9—10 月选果柄短、果实饱满健康、皮色橙黄、熟透的果实留种；如果以果实生产为目的，要在结实率高、果大皮厚、品质好的植株上选瓜，选出的瓜种可以吊在阴凉通风处，次春剖开果实取出种子；在发病期，可用 10%吡虫啉可湿性粉 3 000 倍液剂喷雾防治。

四、采收加工

1. 果实

9—10 月，果实（全瓜蒌）表面有白粉、呈橙黄色时，应及时分批采收。摘下的鲜瓜用纸包好，悬挂在通风处晾干，切勿暴晒或烘干，否则色泽由鲜红变成深暗红，影响品质及入药效果。

2. 瓜蒌根（天花粉）

瓜蒌根至少生长 3 年后才能采收，生长期越长产量越高、品质越好。采收期一般在“霜降”前后（10 月底至 11 月初），也可在春季采挖。瓜蒌根挖出后，先将根洗净，用刀刮去粗皮和切除芦头，然后切成 10～20 cm 的短节，放入石灰水中浸泡两天，取出，用清水洗净，晒干或烘干，即成天花粉。天花粉，以身干、色白、质坚实、粉性足、无黄心或黄筋者为佳品。

特色中药材

夏天无

一、概述

夏天无为罂粟科多年生草本植物，以干燥块茎入药，具有活血活络、行气止痛、祛风除湿的功效，能够治疗风湿性关节炎、偏瘫、高血压、坐骨神经痛、小儿麻痹后遗症等病症。野生夏天无生于丘陵或低矮山坡、草地，分布于江苏、安徽、浙江、江西、福建、河南、湖北、湖南等地，江西省余江区为夏天无传统产地，当地充分利用冬季气候资源和闲田栽培夏天无。余江夏天无栽培，一般在前一年10月中旬播种，出苗在11月中旬，块茎膨大在当年3月上旬，开花在3月中旬，收获在4月中旬，整个生长发育期约为180天。

二、形态特征及生物学特性

夏天无植株高16～30 cm，无毛。块茎近球形，直径3～9 mm，黑褐色，当年生块茎叠生于老块茎之上，老块茎随即变空。不定根发自块茎表面。茎细弱，2～3枝丛生，不分枝。基生叶常1枚；具长柄；叶片轮廓三角形，长约6 cm，二回三出全裂，未回裂片无柄，狭倒卵形，全缘，叶下面有白粉；茎生叶3～4枚，互生或对生，生于茎中、上部，似基生叶而小，柄短。总状花序顶生，长1.5～4 cm，疏列数花；苞片卵形或狭倒卵形，长5～7 mm，全缘；下部花梗长达12 mm；花冠淡紫红色，外轮上瓣长14～18 mm，瓣片近圆形，先端微凹，边缘波状，距圆筒形，长6～8 mm；柱头具4乳突。蒴果细长，椭圆形，略呈念珠状。种子细小，2列。花期4—5月，果期5—6月。

夏天无喜凉爽气候，怕高温，忌干旱。幼苗出土后，气温降至−5 ℃时不致受冻；2月中旬平均气温9～12 ℃时，生长迅速；3月中旬至4月上旬平均气温达12～15 ℃时，地下块茎生长迅速；4月中、下旬平均气温达17 ℃以上时开始倒苗。以阳光充足，土层疏松肥沃、富含腐殖质、排水良好的壤土栽培为宜。

三、栽培与管理技术

（一）种苗繁殖

用块茎繁殖，块茎贮存技术如下。挑选种茎横径为1 cm左右（0.8～1.2 cm），色泽光鲜，无伤痕、完整、无病虫害的当年生块茎。种子贮藏：用半湿沙与种茎堆积（比例5∶1），一层沙一层种茎，表层沙厚20 cm。室内堆贮，用砖块砌墙围好；室内窖贮则挖50 cm深的坑；室外窖藏选干燥、排水好、地下水位低、通风遮阴处，表层沙面外再用土覆盖，窖面呈馒头状；室外洞藏，在山脚下挖洞 1 m 后拐弯再挖 4 m 深，再用半湿沙堆积。

（二）栽植技术

1. 选地和整地

夏天无种植对土壤要求不严，除排水不良的黏土外，其余土壤都可种植，以肥沃的泥沙性土壤为优。夏天无种植可利用冬闲时的田（10 月中旬至 4 月上旬），故土地充足。整地按宽 1.0～1.2 m 做成畦，沟宽 0.3 m，沟深 0.1 m。

2. 施肥

施肥的基本原则：以农家肥为主，配合施用化肥；以基肥为主，配合施用追肥和种肥；以氮肥为主，配合施用磷肥和钾肥；根据土壤肥力特点施肥；根据药用植物营养特性、气象条件施肥。栽培夏天无，要施基肥（或称底肥），每亩施腐熟的有机肥 1 000 kg、钙镁磷肥 250 kg。出苗后根据苗情施追肥或根外追肥。

3. 栽种

选择地势平坦、阳光充足、排水良好、土壤疏松的耕地，翻耕 20～25 cm，施基肥，畦宽 1.2～1.5 m、高 20～30 cm，沟宽 30 cm，在 10 月 20 日左右以天晴时栽种最佳，行距 10 cm，株距 8 cm，播种沟深 3～4 cm，种茎上撒一层草木灰及细土，盖上 7～8 cm 厚的稻草，浇水保持土壤湿润，每亩用种 40 kg 左右。

（三）田间管理

遇久晴无雨应及时灌溉一次水，使土壤保持湿润，以便出苗。夏天无生长发育前期的主要田间工作是人工拔除杂草，并在下雨时追施尿素约 15 kg/亩。后期的主要田间工作是清沟排水，并在下雨时追施尿素 20 kg/亩，注意不下雨时不能施，避免烧苗。及时人工拔除杂草，不宜中耕，以免损伤块茎。

（四）病虫害防治

1. 霜霉病

主要为害叶片和嫩茎，在叶片上形成多角形病斑，叶片背面病部产生霜状霉层。防治方法：选用无病无虫块茎繁殖，避免偏施氮肥，雨后及时排水，收获后清洁田园。发现病株或发病中心时及时喷药控病，可选用的药剂有 65%代森锌可湿性粉剂 300～500 倍液或 35%甲霜灵可湿性粉剂、40%霜疫灵可湿性粉剂按推荐浓度喷雾。

2. 菌核病

苗期和成株期均可发生，引起根状茎、芽和花的腐烂，受害根部常黏附着许多如鼠粪状的黑色菌核。防治方法：选择向阳、排水良好的地块种植；清洁田园，发现病株及时拔除焚烧，并用生石灰粉进行土壤消毒，改换无病新土后补栽。发病初期，可用 80%多菌灵可湿性粉剂、40%菌核净可湿性粉剂等按推荐浓度灌根或喷洒。

四、采收与加工技术

4 月中、下旬植株弯曲、叶多变黄、开始倒伏时，就可以收获，选择晴天采挖块茎。将收获

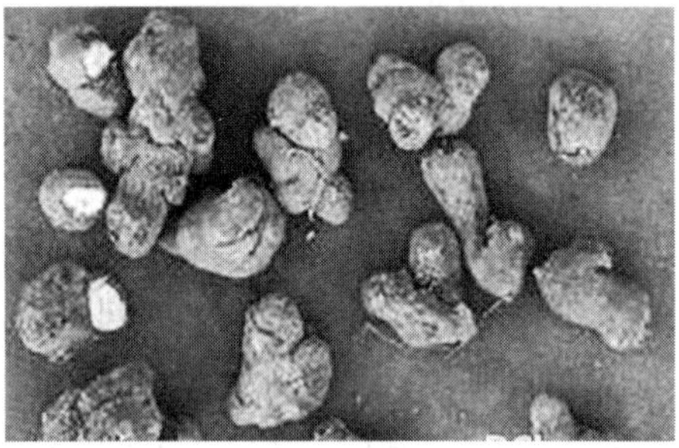

的夏天无洗干净，挑选大小中等的留种。留种还可用透气的袋子，撒一层细沙放一层种子，依次装满，细沙厚薄以能盖住种子为宜。装好后扎口，在室外挖一个坑，坑的大小根据种量而定，将袋子放在坑里，并把土盖回，到下次播种时取出即可。

块茎除去须根、茎，洗净泥沙后晒干。药材贮藏在通风仓库，常温，以不超 28 ℃为佳，相对湿度 65%～75%，药材安全含水量为 10%～15%。

粉防己

一、概述

粉防己又名石蟾蜍、汉防己、白木香，为防己科千金藤属植物，千金藤属约60种，分布于亚洲和非洲的热带和亚热带地区，少数产于大洋洲。我国有39种，分布在长江流域及其以南各地区。粉防己是常用重要中药，以根入药，其味苦，性寒，有利水消肿、祛风止痛之功效，主治水肿鼓胀、手足挛痛、湿热脚气、癣疥疮肿、高血压等症。粉防己主产于江西、安徽、浙江、湖北、湖南、福建、广东、广西等地，江西主要在宜春上高，景德镇浮梁、乐平，吉安永丰、安福，新余，鹰潭及九江等地有栽培。

二、形态特征及生物学特性

粉防己为防己科蔓生藤本植物，高1～3 m；主根肉质，柱状；小枝有直线纹。叶纸质，阔三角形，有时三角状近圆形，通常长4～7 cm，宽5～8.5 cm或更多，顶端有凸尖，基部微凹或近截平，两面或仅下面被贴伏短柔毛；掌状脉9～10条，较纤细，网脉甚密，很明显；叶柄长3～7 cm。花序头状，腋生，长而下垂的枝条上作总状式排列，苞片小或很小；雄花萼片4或有时5，通常倒卵状椭圆形，连爪长约0.8 mm，有缘毛；花瓣5，肉质，长0.6 mm，边缘内折；聚药雄蕊长约0.8 mm；雌花萼片和花瓣与雄花的相似。核果成熟时近球形，红色；果核直径约5.5 mm，背部鸡冠状隆起，两侧各有约15条小横肋状雕纹。花期夏季，果期秋季。

粉防己一般于3月下旬至4月初开始萌芽，4月中、下旬幼苗出土，5月抽茎展叶，一直到7月中、下旬开始抽花枝以前为营养生长期，8月开始结果，9月下旬果实成熟，10月下旬停止生长，叶枯黄开始脱落，11月中旬地上部分枯死转入休眠期。

三、栽培及管理技术

（一）种苗繁殖

1.精选种子，拌种消毒

粉防己多以种子繁殖，采用育苗移栽的方法。选颗粒坚硬、灰棕色而具光泽、无病虫害的作种，播种前用1%高锰酸钾或1%氯水浸5～10 min，再用清水洗净待播，或用50%多菌灵可湿性粉剂掺细火土灰与种子拌匀（种子∶多菌灵＝100∶1）。

2.苗床选择与整地

选排灌良好、土层深厚、疏松的壤土（稻田或旱地），养分水平在中等以上，大气、水质、土壤无污染。地块深耕20～30 cm，经充分风化，除净杂草，做到细、平、实、湿、肥，以待播种。每亩施有机肥 1 000 kg 混施 100 kg 过磷酸钙。开沟做畦，畦面宽 100～110 cm、高 20～30 cm。

3. 适期早播，培育壮苗

将当年采收、室温贮存并经处理的粉防己种子在当年的 8 月中旬或次年 2—4 月，在苗床上按行距 10～12 cm 做横畦开浅沟进行条播。将种子拌细腐殖质土或细肥土均匀撒入沟内，覆土 0.5 cm，以盖过种子为度。稍加镇压，浇透水，盖草保湿。温度在 15～18 ℃，如湿度适宜，2 个月后即可出苗。出苗后撤掉盖草，加强苗期管理，当苗高达 5～6 cm 时，即可定植于大田。每亩播种量 1～2 kg。

(二)栽培技术

1. 选地与整地

移植地应选择排灌方便、光照充足、土壤深厚肥沃的沙质微酸性土壤，土壤周围有大面积阔叶林，土壤的 pH 约为 6.5，当土壤黏性重时，加入适量谷壳、农家肥进行改良，以提高土壤的肥力、保湿性和透气性。

清除土壤中的杂质，将土地整平，再将土地深挖至少 50 cm，入冬后每亩土地施入 4 000 kg 腐熟有机肥、30 kg 硫酸钾复合肥和 85 kg 过磷酸钙，并将肥料与土壤混匀，引入灌溉水源，低洼的地块要在四周开挖 60 cm×55 cm 的排水沟，以保证排灌方便。

2. 适时移栽，合理密植

第二年早春，种苗移栽前翻一遍土，使土壤结构松散而细碎，将土地整成若干个宽 1.2 m、高 25 cm 的高畦，在畦面上以株行距 30 cm×45 cm 挖穴移栽，并使种苗的行间错开，移栽后浇定根水，然后用稻草覆盖畦面保湿。种苗移栽的天气选为阴天或晴天，忌在雨天或大雨后土壤过湿时移栽。

(三)田间管理

1. 水肥管理

移栽的种苗恢复生长后，追施 1～2 次稀薄的有机肥，开花前每亩施尿素 5 kg 和过磷酸钙的混合液 1 200 kg；第三年春季，行间开沟，每亩追施 1 500 kg 土杂肥，或者每亩追施 30 kg 过磷酸钙和 12 kg 复合肥；生长期控制土壤含水量为 60%。

2. 查苗补苗

苗成活后经常查苗，及时查漏补缺，保证全苗。

3. 除草管理

整个生长期注意及时除杂除草，小面积杂草采用人工防除，大面积杂草采用人工防除和选择性除草药剂防除相结合；阔叶草采用人工防除，尖叶草采用选择性除草药剂防除，注意防止对粉防己产生药害。

4. 植株固定

藤蔓长到 60～80 cm 时，采用“人”字架。具体方法是利用 2 m 长的竹竿或木杆，在两株苗中斜插一根竹竿，相邻两行的竹竿交叉为“人”字形，在上面放一根长竿，用绳索捆绑固定，再把藤引上架。搭架的时候要注意插稳插实、捆紧，以防大风吹倒。或在粉防己栽培地以 5 cm×5 m 的株行距栽植 1.3～1.5 m 高的水泥桩，桩顶用绳拉成网状平面，作为粉防己的攀爬生长面，并用绳垂吊到粉防己根部，并固定，以使粉防己藤蔓能顺利攀爬到生长面。

(四)病虫害防治

粉防己在整个生长期病虫害都较少，禁止使用高毒、高残留农药，严格控制粉防己的农药残留量。

1.叶斑病

叶片发黄或者变色，多发生于高温高湿的夏季。防治方法：合理轮作，清洁田园，消灭越冬菌源；增施磷、钾肥，提高植物抗病力；发现病株及时拔除中心病株，并喷洒 1∶1∶100 波尔多液或 50%多菌灵可湿性粉剂 1 000 倍液。发病初期，用 1∶1∶120 波尔多液、75%百菌清可湿性粉剂等喷雾，每 7～10 天喷 1 次，连喷 2～3 次。

2.根腐病

多发于夏季，导致根部腐烂，排水不良地块发生较重。防治方法：首先，要加强田间栽培管理，降低田间湿度，注意清洁田园，发现病、残株及时拔除并集中烧毁，减少菌源；其次，药剂防治可用 0.5%硫酸铜 800～1 000 倍液或 30%恶霉灵水剂按推荐浓度喷雾。

3.凤蝶

以幼虫咬食幼芽、嫩叶，造成叶片孔洞或缺刻，严重时幼枝上叶片全被吃光。防治方法：糖醋液诱杀成虫；避免与十字花科作物连作；在幼虫发生期可喷施青虫菌或苏云金杆菌可湿性粉剂，利用天敌防治凤蝶；药剂防治可用植物源杀虫剂，如 2.5%鱼藤酮乳油或昆虫生长调节剂，如 25%灭幼脲 3 号悬浮液或化学农药，如 50%辛硫磷乳油、2.5%溴氰菊酯乳油按推荐浓度喷雾。

4.蚜虫

不仅吸食植物汁液，在取食过程中排泄蜜露引起煤污病，同时，蚜虫还能传播多种病毒病。防治方法：蚜虫发生量较小时，可用烟草水防治。发生量大时可用 10%吡虫啉可湿性粉剂 1 500～2 000 倍液或 1.8%阿维菌素乳油 600 倍液或 70%灭蚜松可湿性粉剂 1 000～1 500 倍稀释液喷雾。

5.金龟子

喜食刚播种的种子、根、块根以及幼苗，将根咬断、咬伤，其端口较整齐，也可在根、地下茎上蛀食成孔洞、疤，使植物生长缓慢、发黄枯萎、甚至死苗；成虫取食地上叶片，造成叶片缺刻或孔洞甚至全叶吃光。药剂防治：深耕细耙，早春或药材收获以后，及时清洁田园，减少越冬成虫和幼虫；3—9 月成虫发生高峰期，利用黑光灯、频振式杀虫灯、性诱剂灯诱杀金龟子成虫；同时，可利用蛴螬乳状杆菌商品制剂、白僵菌、绿僵菌、苏云金杆菌等寄生性天敌防治金龟子；药剂防治可用 90%晶体敌百虫 800 倍液或 10%吡虫啉可湿性粉剂 1 500 倍液等喷雾。

四、采收及加工技术

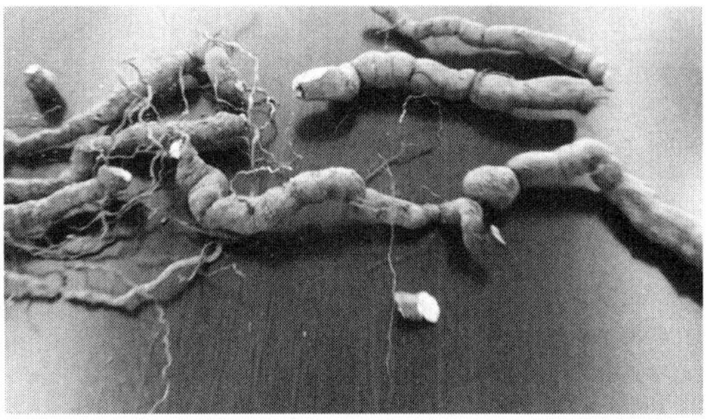

粉防己种植3～4年后可采挖，用锄头挖取根部，抖净泥土。除去外表粗皮，晒至半干，切段或纵切干燥。本品呈不规则圆柱形、半圆柱形或块状，多弯曲，长5～10 cm，直径1～5 cm。表面淡灰黄色，在弯曲处常用深陷横沟而成结节状的瘤块样。体重，质坚实，断面平坦，灰白色，富粉性，有排列较稀疏的放射状纹理。气微，味微苦。

玉竹

一、概述

玉竹为百合科多年生草本植物，别名玉术、尾参、玉参。玉竹以干燥根茎入药，性平、味甘，具养阴、清热、润燥、生津止咳之功能，多用于治疗肺胃阴伤、燥热咳嗽、咽干口渴、气短、胸痛或心绞痛、养阴壮阳和皮肤粗糙等症。

玉竹主产于湖南、广东、江苏、浙江、江西等地，以湖南邵东为代表性产地，已有200多年的种植历史，产量高、质量好。东北所产的玉竹多为野生来源，称为关玉竹。

玉竹的主要品种有猪屎尾参、同尾、姜尾、竹节尾、米尾与野生玉竹等。江西新余，宜春等地栽培的主要是猪屎尾参。

二、形态特征及生物学特性

玉竹为多年生草本，株高30～60 cm。根茎地下横生，扁状圆柱形，表皮黄白色，断面粉黄色。茎单一，上部稍斜，具纵棱、光滑无毛，绿色。叶互生，叶片椭圆形，先端钝尖，基部楔形，全缘，上面绿色，下面粉绿色。花1～3朵，腋生，花梗俯垂，绿白色；花被筒状，顶端6裂，裂片卵圆形；雄蕊6，着生于花被筒中部；子房上位。浆果球形，成熟时暗紫色。种子卵圆形，黄褐色，无光泽。花期5—7月，果期7—9月。

野生玉竹多生长于山野阴湿处、林下及落叶丛中，对环境条件适应性较强。喜凉爽、潮湿、荫蔽环境，最适宜生长环境，温度为15～25 ℃，年降水量为700～1 000 mm。

玉竹耐寒、耐阴湿，忌阳光直射及多风。一般温度在9～13 ℃，根茎出苗，18～22 ℃时现蕾开花，19～25 ℃地下根茎增粗，5—6月开花，7—8月迅速生长，7—9月结果。玉竹的浆果呈球形，有毒不可食用，两年生玉竹就可以采集果实，玉竹果实成熟时呈暗紫色。每年9月中旬可采收玉竹种子，种子采收后装进袋子里保存。

玉竹种子上胚轴有休眠特性，低温能解除其休眠，胚后熟需25 ℃ 80天以上才能完成。如要使种子正常快速发育，必须先将种子置25 ℃条件下后熟80～100天，然后置0～5 ℃条件下一个月左右，再移至室温下，就可正常发芽，种子寿命为2年。但生产上一般不用种子繁殖。

栽培玉竹宜选择土层深厚、排水良好的微酸性砂壤土，土壤pH为5.5～7，生、熟荒山或坡地都可以种植，太黏或过于疏松的土壤不适宜种植。一般不连作，前茬以花生等豆科植物为好。地势要求平地或缓坡地。

三、栽培与管理技术

（一）种茎选择

玉竹一般采用地下茎芽繁殖。于7—8月收获时，选择苗秆粗壮，当年生芽，茎粗壮、须根多、尖端带白色而无红黑斑点的根茎作种。种茎要随挖、随选、随种。

（二）种茎贮藏

种芽采收后，遇天气变化不能及时栽种时，必须将根芽摊放在室内背风、阴凉处。时间长的可采用室内黄土贮藏，选择通风的房间，先在地面铺一层10 cm厚的黄土，摊上一层玉竹种茎，厚度10 cm；如此堆放3～4层，黄土要求不干不湿；也可利用土窖、岩洞、山洞贮存，到最佳时期播种。生产中一般每亩需种量250 kg。

（三）栽植地选择及整地施肥

玉竹宜选择排水性良好、土壤肥沃疏松、土层深厚、富含有机质的砂壤土或壤土种植。忌在土壤黏重、瘠薄、低洼、易积水的地块栽培；忌连作，连作易产生病虫害。前作以禾本科和豆科作物最好。

若种植地为坡地且坡度不大，可采用平畦栽培，若坡度较大可修筑梯田栽培。若种植地为平地，考虑到南方雨水多宜采用高畦栽培。

选好的地块深翻30 cm，同时每亩施入有机肥1 000～2 000 kg作基肥，整地耙平，做成宽1.2 m、高20 cm的畦。排种前10天左右精细整地，每亩撒施熟石灰30～40 kg与土拌匀，杀虫并补充钙质，日晒几天后择适宜天气播种。

（四）种茎下种

种茎消毒，玉竹种茎选好以后，播种前进行一次药剂消毒处理。一般采用70%甲基托布津加代森锰锌各25 g配800倍水或50%多菌灵可湿性粉剂500倍液，将种茎浸泡2～3 min，捞出晾干后即可栽种。药液浸种能控制和减少病害传播，有利于增产。

适时下种，以日平均气温25 ℃左右播种为宜，一般栽种期是10月。选阴天或晴天栽种，栽时在畦上按行距30 cm，开6～8 cm深的沟。将种茎按株距10～15 cm排在沟里，具体排种方法有斜排、平排两种，一般以斜排较多，斜排法是将种茎的顶芽一端向上，尾部向下，与地面呈一定角度排入播种沟内，具体又分为“一边倒”排种法、“倒八字”排种法和“一左一右”排种法。“一边倒”排种法，即将种茎横向在播种沟内排成单列，顶芽朝相同方向，略向上倾斜，然后再盖肥覆土至与畦面齐平。其优点是：长势平衡，有利光合作用，能提高产量，起挖方便，不易挖断。

种后覆盖稻草或麦秆、玉米秆、落叶6～7 cm厚，能保持湿润、抑制杂草，也可就地挖新土覆盖。

（五）田间管理

1. 中耕除草

栽后当年不出苗。翌春出苗后，及时除草，第一次可用手拔或浅锄，以免锄伤嫩芽，以后应保持土面无杂草。第二年根茎已密布地表层，只宜用手拔除杂草。

2. 培土

玉竹生长到第 2 年根茎已密布地表层，容易裸露在地表面而变绿，影响商品外观和质量，冬季也容易受冻害，因此，要及时培土。

3. 追肥

玉竹生长期间应根据植株不同生长时期特点进行合理的肥水管理措施，一般在玉竹新苗长到 7～10 cm 时追一次提苗肥，每亩施尿素 10 kg。生长旺盛期可追施一次复合肥，冬季倒苗后去除杂草，每亩面施一层有机肥 1 000 kg，盖土过冬。

4. 排水

玉竹最怕积水，在多雨季节到来前，要疏通畦沟，以利于排水。高温干旱季节要及时加强灌溉。

(六)病虫害防治

玉竹的主要病害有褐斑病、锈病、灰霉病、紫轮病、根腐病、白绢病、褐腐病等。玉竹的主要虫害有蛴螬、红蚂蚁、蚜虫、大青叶蝉以及软体动物野蛞蝓。玉竹病虫害防治，宜坚持“预防为主、综合防治”的植保方针，坚持“农业防治、物理防治、生物防治为主，化学药剂防治为辅”的原则。

1. 叶斑病

危害：为害叶片，先从叶尖出现椭圆形或不规则形、边缘紫红、中间褐色的病斑，从病斑逐渐向下蔓延，使叶片成为淡白色，枯萎而死。多在夏、秋开始发病，雨季发病较严重。

防治：收获后及时清洁田园卫生，将枯枝病残体集中进行烧毁，消灭田园内越冬病原，在发病前及发病初期喷 1∶1∶120 波尔多液，或 40%百菌消悬浮剂 800 倍液，每 7～10 天喷 1 次，连续 2～3 次。

2. 根腐病

危害：根茎发病初期为淡褐色圆形病斑，后病部腐烂，组织离散、下陷，重者病斑连成大块，影响玉竹产量和品质，在广东老栽培区有逐年加重趋势。

防治：实行轮作，切忌重茬，发病初期及时用药灌根，可选用 50%多菌灵可湿性粉剂 500 倍液，或 30%恶霉灵水剂 200 倍液，或 40%百菌消悬浮剂 800 倍液。

3. 灰斑病

危害：为害叶片，罹病植株初期在叶片表面形成略圆形、边缘紫色、中央灰色的病斑，同时可沿叶脉形成条状斑，严重时整个叶片枯死，多于 6—7 月发病。

防治：发病初期可喷施 75%百菌清可湿性粉剂 800 倍液，每 5～7 天喷 1 次，连续喷 2～3 次。

4. 锈病

危害：春末夏初，病菌在低温或中等温度而湿度较高时主要为害叶片，叶面有圆形或不规则形褐黄色斑，直径 1～10 mm，背面集生黄色杯状小颗粒(病菌锈孢子器)。

防治：用无病种茎作种或发现病株立即清除(少量病株)。喷洒 12.5%烯唑醇可湿性粉剂或 25%粉锈宁 2 000 倍液防治。

5. 紫轮病

危害：为害叶片，病斑生于叶两面，圆形至椭圆形，开始为红色，中心部分逐渐变为灰色至灰褐色，其上生黑色小点即病原菌的分生孢子器。

防治：搞好田间卫生，苗出齐后用70%甲基托布津乳油800～1 000倍液，50%代森锰锌可湿性粉剂600倍液，或50%退菌特可湿性粉剂800倍液等药剂喷雾，每隔10天喷1次，连喷3次。

6. 虫害

危害：主要是蛴螬、金龟子、地老虎等地下害虫为害嫩苗和根茎。蛴螬成虫在5月中旬出现，傍晚活动，喜在未腐熟的厩肥上产卵，卵散于较湿润的土中。

防治：冬季清除杂草，深翻土地，破坏害虫越冬场所，做畦时每亩施25～30 kg生石灰，撒于土面后翻入以杀死幼虫，也可用90%晶体敌百虫1 000～1 500倍液浇灌注根部周围土壤。

四、采收与加工技术

（一）玉竹采收

玉竹种植1年后即可收获，但产量低，大小还不达标。2～3年生的玉竹收获最好，产量高，质量好。4年生的产量更高，但质量下降，纤维素增多，有效成分下降。

玉竹具体采收时间，当地上部分正常枯萎谢苗时为采收期。在长江中下游地区一般在霜降后即10月下旬至11月上旬采收为宜。

采收时选雨后晴天土壤稍干时收获，用镰刀把地上茎割去，然后用锄头（最好是两齿锄）从前往后退着挖，这样可以使地下茎减少损伤。掘深20～23 cm，连土块翻转，散掉土块，取出根茎，抖去泥沙，按长、短、粗、细挑选分出等级，防止折断。在收挖时，注意勿伤断根茎，以免降低产品规格等级。

挖出后要及时留种，留作种的根茎选出后，另行堆放。一般亩产鲜茎2 000 kg，干制后重700 kg左右。

（二）玉竹加工

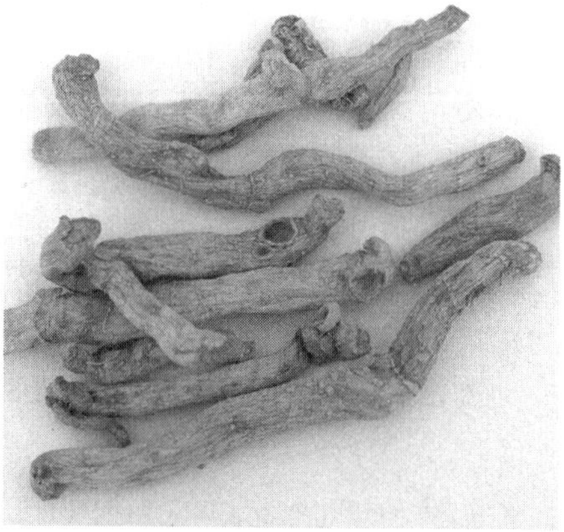

将玉竹根据大小分级，剔除病茎、虫茎、伤茎、畸形茎、黑茎。选择晴天摊晒，如采后遇雨，要薄摊，防止堆沤腐烂，等天晴后再晒。在太阳下摊晒，每晒半天，要翻动一次，并用手搓揉，傍晚摊晾后收回。如此反复多次，直到根茎完全变软，茎内无硬心，色黄发亮为止。如果数量多，不便于手工搓揉，晒后可用竹筐撞动法代替手搓法，即将晒后的玉竹装入竹筐中，前后用力撞动，使玉竹之间搓揉，后用黑色薄膜袋装好，将口扎紧，放在太阳下晒2～3 h，晚上再堆在一起焖一夜，第二天倒出晒干到用手抓有刺手感，且不易折断即可。

药材形状：呈长圆形或略扁平，表面黄白色或淡黄棕色，外皮有明显波状环节，节上有多数须根痕，并可见有圆盘状的地上茎痕；少有分枝，粗细均匀，长4～18 cm，直径0.3～1.6 cm。干燥者质坚硬而脆，易折断，断面角质样，受潮则变柔软。气微，味甜而有黏性。以条长、肥大、色黄白者为佳。

山　药

一、概述

山药为薯蓣科植物薯蓣的干燥根茎。主治脾虚泄泻、久痢、虚痨咳嗽，消渴、遗精带下、小便频数等症。主产于河南、河北、山西、山东及中南、西南等地。江西主要在九江、抚州、赣州等地有栽培。江西种植的山药品种繁多，但大多为地方品种，如瑞昌山药、永丰山药、南城山药。

二、形态特征及生物学特性

山药为多年生草本，有主根和须根之分，发芽后着生于茎基部的根为主根，块茎上的根为须根。茎蔓长达 3 m 以上，以右旋方式生长，常带紫色。地下肥大的营养器官为块茎，呈圆柱状棍棒形。单叶互生，至中部以上对生。叶三角状卵形至广卵形。叶腋内常生珠芽，可供繁殖或食用。花单生，雌雄异花异株，总状花序穗状，腋生，花小，白色或黄色，花期 6—7 月。蒴果具 3 翅，扁卵圆形，栽培种极少结实。

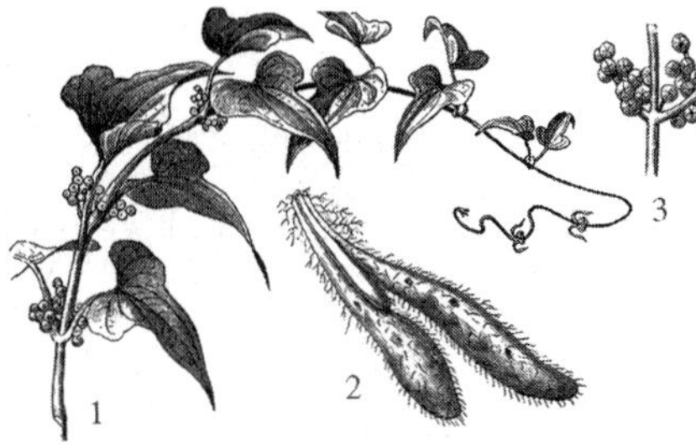

1. 花枝　2. 块茎　3. 珠芽

山药喜温，生长期很长，各地均为一年一茬，春种秋收。山药为蔓生作物，地上要搭立支架，行间距较宽。山药忌连作，连作易造成土壤养分失调和病害加重，一般以 3 年轮作 1 次为宜。

三、栽培及管理技术

(一)种苗繁殖

山药分为芦头和珠芽两种繁殖方式。两种繁殖方式的目的有所不同，芦头繁殖主要用于生产山药，珠芽繁殖主要用于育苗。由于芦头连续栽种易于使品种退化，这时便可以用珠芽进行育苗培养。2～3 年便需要进行一次珠芽育苗。芦头繁殖是在山药收获的时候，在芦头 7～15 cm 处切断后，再切成 10～15 cm 的小段，切口处抹上草木灰，以使切口愈合，风干 4～5 天，将处理好的山药块放于室内进行沙藏，以备播种需要。珠芽繁殖则是在山药植株成熟枯萎的时候，摘下珠芽(零余子)，选择色泽好、个头饱满，并且没有病虫害的作为育苗的种子，放于室外越冬或者室内沙藏。

(二)栽植技术

山药种植应该选择地势平坦、土壤结构疏松，排水性能以及透气好的沙质土壤。山药种植需土壤有机质含量丰富，土壤肥沃。由于山药的病虫害比较厉害，同一地块不能够连续种植山药，应轮作其他作物。选择地块后，进行翻耕，施足底肥。根据山药的品种不同，选择适宜的沟宽、沟深。例如，长根品种，行距可选择为 1 m，开挖南北方向的深沟，沟宽不宜过大，28～30 cm 即可，深度约为 150 cm。山药种植一般采用隔行开挖的方式，先挖开一条沟填平后再继续开挖另外半条沟。挖沟时，将上下两层土分别堆放在两侧，经过晾晒后，再分别填在底层土上。开挖种植沟时，应该清理掉土壤中的瓦砾等杂质。

山药适宜在清明前后进行栽种。珠芽栽培一般采用的是垄作或者高畦进行种植。畦作一般以畦间距 20～25 cm 进行开沟，畦沟深 6～10 cm。垄作则在陇上开沟栽种。无论垄作还是畦作，株距均约为 10 cm，栽种 2～3 个珠芽，之后进行覆土，栽种后及时浇水或者在其上覆盖一层谷草，以使土壤能够保持水分，保持湿润。当年秋季来临时，便可以挖出来以备栽种。芦头栽种则适宜于平畦及垄作。畦作行距则相对于珠芽种植的行距较大一些，一般为 30～45 cm，沟深较深，为 150 cm 左右。芦头栽种可以单行或者双行种植。双行种植可将芦头放置于沟内中心线两侧。栽种后，施加粪土，或者直接覆土，并进行轻微的压实，之后再进行浇水或者覆盖一层稻草以保持山药生长环境的湿润。

（三）田间管理

1. 浇水

山药种植需要及时适量浇水，以保持水分。适宜的水分能够使得山药的根系及时吸收水分供养上部组织。使山药的根茎叶都能够茁壮生长。干旱则易于使植株枯萎，根部产生畸形。在对山药植株进行第一次浇水时，不应该浇得过多，浇水过多易使山药长成“粗脖子”。在地表还没有干透时，应该进行第二次浇水。往后浇水的次数应该慢慢地增加，但是浇水深度以不超过山药的根部为宜。浇水应该在早上或者晚上进行，切记不能在中午对植株进行浇水。中午浇水易使植株根部的温差过大，造成根部受损。

2. 支架、间苗、追肥

（1）支架引蔓。山药出苗的时候就需要搭支架引蔓。搭架引蔓能够使山药植株透光、透风，并且避免藤蔓伏地生长。一般采用树枝或者细竹竿搭起“人”字架，架高 2～2.5 m。因为山药藤蔓较长，在材料及场地限制时，也不能低于 1.5 m。支架要坚固，以避免山药植株倒伏。

（2）间苗。芦头种植或者珠芽种植都可以萌生数个芽，使山药能够一株上数蔓，太多的茎叶间相互竞争水分和养分，山药的产量和质量有所下降。因此，需要进行间苗处理，以保障养分、水分、阳光以及通风的需要。每株山药保留 1～2 个健壮的芽，然后摘去其余的茎叶。

（3）追肥。山药喜肥沃土壤。从播种到发棵都可以施加有机肥料。有机肥在施加之前需要完全腐熟，以避免病虫害的发生。没有腐熟的有机肥容易损伤山药的根系，根据土壤土质选择不同的有机肥种类。施加有机肥能够有效改善土壤质地。山药生长的初期，在苗出齐和植株现蕾时均应施加一次氮肥，保障茎块的生长有足够的营养。在茎块生长期间，氮、磷、钾肥的需求量较大。

（四）病虫害及其防治

1. 褐腐病

由腐皮链孢引起。感染褐腐病的山药在初期地下部分不会出现明显的感染症状，但在收获时地下部分的病变便可见。切开后可见山药块茎褐色。导致山药褐腐病的原因可能是土质黏重，排水性能较差，或者使用了没有完全腐化的杂肥。防治方法：山药种植实行轮作，在收获时将病株及时烧毁，并对土壤进行消毒处理；选用健全种薯，不用带病种薯做种，必要时把种薯切面阴干 20～25 天。在褐腐病发病初期，可用药剂进行防病处理。70%甲基硫菌灵可湿性粉剂 500 倍液加 70%百菌清可湿性粉剂 1 000 倍液，隔 10 天左右喷 1 次，防治 1～2 次。

2. 炭疽病

山药炭疽病的病原为子囊真菌，其症状为叶片中间呈现灰色或者暗灰色，叶片边缘呈现褐色，健康部位和染病叶片部位的界限分明，后期染病叶片会生出小黑点。染病茎部长满黑色小点，严重的全株变黑而干枯。防治方法：发病地块实行 2 年以上的轮作；收获后清除病残体，集中烧毁，并深翻土壤；加强田间水肥的管理，不过量施加氮肥，及时排水，保证地块的通透性；播种前用 50%多菌灵可湿性粉剂 600 倍液浸种；出苗后喷洒 1∶1∶100 的波尔多液预防，每 10 天 1 次，连续 2～3 次。发病初期用 58%甲霜灵·锰锌可湿性粉剂500 倍液、80%福·福锌可湿性粉剂800 倍液、70%甲基托布津可湿性粉剂 1 500 倍液等，交替使用，7～10 天喷 1 次，连喷 2～3 次，喷后遇雨及时补喷，收获前 10 天停止用药，效果更佳。

四、采收与加工

每年 11 月上旬至翌年 4 月初均可采挖山药。采挖时要保持山药块茎完整。先采收珠芽，之后挖出块茎，芦头取下贮藏作种栽。

采挖后的山药，切去根头，洗净，除去外皮和须根，干燥，该法加工所得山药习称“毛山药”；也有选择肥大顺直的干燥山药，置清水中，浸润 4～6 h，浸至无干心，闷透，切齐两端，用木板搓成圆柱状，晒干，打光，该法加工所得山药习称“光山药”。

毛山药的质量标准为本品略呈圆柱形，弯曲而稍扁，长 15～60 cm，直径 1.5～6 cm。表面黄白色或淡黄色，有纵沟、纵皱纹及须根痕，偶有浅棕色外皮残留。体重，质坚实，不易折断，断面白色。气微，味淡、微酸，嚼之发黏。光山药的质量标准为本品呈圆柱形，两端平齐，长 9～30 cm，直径 1.5～3 cm。表面光滑，白色或黄白色。

三叶青

一、概述

三叶青又叫金丝吊葫芦、三叶崖爬藤，为蔓生藤本植物，全草均可入药，以地下块根和果实的药用效果最好。主要用于清热解毒、祛风化痰、活血止痛。治疗小儿高热、痢疾、支气管炎、肺炎、咽喉炎、肝炎及病毒性脑膜炎；外用治毒蛇咬伤，扁桃体炎，跌打损伤。

三叶青的提取制剂对多种原发癌、转移癌等均具有很好的治疗作用，还能提高人体的免疫功能。

二、形态特征及生物学特性

三叶青为葡萄科崖爬藤属植物，块根呈纺锤形、卵圆形或椭圆形，单枚或数枚相连呈珠状，每枚 2～3 cm，直径 0.7～2.5 cm；表面棕褐色，多数光滑，或有皱纹，少数具皮孔状的小瘤状凸起，有的具残留须根；质硬而脆，断面平坦而粗糙，白色至灰棕色，可见棕色的形成层环。茎纤细，具纵棱，卷须与叶对生，不分支。叶互生，展开后呈三出掌状复叶，无毛，叶缘具刺状疏齿。三叶青每年 5 月份开花，至秋季结果。

三、栽培及管理技术

（一）种苗繁殖，生产上一般采用扦插繁殖

（1）插穗选取及处理。在母本株上选择生长健壮的二年生枝条，剪成 2～3 节的插穗，上部留一叶，于 5 月上旬至 10 月中旬扦插。

（2）基质选择及方法。以 70％草炭＋20％蛭石＋9％珍珠岩＋1％缓释肥作扦插基质，用 8 cm×5 cm 的基质育苗袋扦插。

（3）插后管理。遮阴，扦插前架好遮阴棚架，覆盖遮光率 70％～80％的遮阴网，保湿扦插后架好塑料拱棚，保持塑料棚内温度为 20～30 ℃、湿度为 60％～80％。施肥，插穗基部有根原体出现后，每 15 天追施一次 0.25％磷酸二氢钾叶面肥。炼苗，扦插 60～90 天后，适当延长通风和提高光照，以提高种苗适应外部环境的能力。出圃，种苗生长健壮，无病虫害，具有 3 条以上粗根和 3 片以上完整叶，即可出圃。

（二）栽植管理

1．选地与整地

宜选择生态条件良好、海拔在 300～700 m、常年气温在－5～32 ℃的地区。不宜选低洼、排水不良、雨季易积水的平原区域水田或刚开垦的山地。

整地做畦，翻耕前每亩施腐熟菜粕或专用有机肥 150～200 kg、磷肥 50 kg、草木灰 50 kg

或三元复合肥 100 kg,耕深 20～25 cm,耙细整平,做龟背形畦,宽 80～100 cm、高 25～35 cm。畦间开排水沟,使沟沟相通,利于排水。

2. 移栽

4 月下旬至 5 月下旬或 9 月中旬至 10 月中旬,均可移栽。按株距 25 cm、行距 40 cm 定植。

林下容器栽培,容器为可降解的无纺布袋,袋的规格为口径 25～30 cm、高 30～35 cm。营养土灌装,以 70%腐叶山土+20%腐熟菜粕(或专用有机肥)+5%磷肥+5%草木灰或三元复合肥作栽培营养土。移栽,4 月下旬至 10 月上旬移栽,每个容器定植 2 株,栽后压实,浇透定根水。

3. 栽后管理和设施准备

大田露地栽培在定植前立好简易棚架,覆盖遮光率 65%～75%的遮阳网,海拔越高,遮光率越低。浇水保苗,定植后,每 3～5 天浇水 1 次,连续 2～3 次,保持地面湿润,不积水。补苗:定植 30 天左右,检查苗地,发现枯苗、缺苗,应及时补苗,以保证全苗。除草:幼龄期每年 5—11 月人工除草 2～3 次。1 年后每年人工除草 1 次,不使用化学除草剂。施肥:每年追肥 2 次,第 1 次在 3—4 月植株抽芽前,第 2 次在 10—11 月块根膨大期,每亩用三元复合肥 15 kg,用水溶解后浇施。

4. 病虫害防治

防治原则:坚持贯彻保护环境、维持生态平衡的环保方针及预防为主、综合防治的原则,采取农业防治、生物防治和化学防治相结合,做好三叶青病虫害的预防预报工作,提高防治效果,将病虫危害造成的损失降到最低。

防治方法:①农业防治,选用优良品种,加强生产基地管理,保持田园清洁,合理灌溉,科学施肥,适时通风、降湿。②物理防治,采用杀虫灯、粘虫板等诱杀害虫;或用防虫网隔离。③生物防治,采用信息素等诱杀害虫,使用生物农药、天敌等防治病虫害。④化学防治,选用高效、低毒、低残留的农药品种,避免长期使用单一农药品种;优先使用植物源农药、矿物源农药及生物源农药。不使用除草剂。

四、采收与加工技术

三叶青种植 3 周年后,藤的颜色呈褐色,块根表皮呈金黄色或褐色时适宜采收。宜在晚秋或初冬采挖。

白 术

一、概述

白术为菊科苍术属多年生草本植物，干燥的根茎入药。白术是一种常用、重要的大宗中药材，具补脾健胃、燥湿利水、止汗安胎等功能。白术根茎含挥发油，油中主要成分为苍术酮、苍术醇、白术内酯等，对治疗肝硬化腹水、原发性肝癌、梅尼埃病、慢性腰痛、急性肠炎及白细胞减少症等有一定疗效。

分布于江苏、浙江、福建、江西、安徽、四川、湖北及湖南等地，江西宜春、新余等地有种植。

二、形态特征及生物学特性

(一)形态特征

白术为多年生草本，高 20～60 cm，根状茎结节状；茎直立，通常自中下部长分枝，全部光滑无毛。

叶互生，叶片通常 3～5 羽状全裂；自中部茎叶向上向下，叶渐小，与中部茎叶等样分裂，接花序下部的叶不裂，椭圆形或长椭圆形，无柄；或大部茎叶不裂，但兼杂有 3～5 羽状全裂的叶。全部叶质地薄，纸质，两面绿色，无毛，边缘或裂片边缘有长或短针刺状缘毛或细刺齿。

头状花序单生茎枝顶端，植株通常有 6～10 个头状花序，但不形成明显的花序式排列。瘦果倒圆锥状，长 7.5 mm，花果期 8—10 月。

(二)生物学特性

白术喜凉爽气候，怕高温高湿环境，对土壤要求不严格，但以排水良好，土层深厚的微酸、碱及轻黏土为好。

平原地区要选土质疏松、肥力中等的地块。土壤过肥、幼苗生长过旺，易使白术当年抽薹开花，影响药用质量。在山区可选择土层较厚，有一定坡度的土地种植。前茬最好是禾本科作物，不宜选择烟草、花生、油菜等作物茬，否则易发生病害。

三、栽培及管理技术

(一)繁殖技术

白术用种子繁殖。生产上主要采用育苗移栽法。

3 月下旬至 4 月上旬，选择籽粒饱满、无病虫害的新种，在 30 ℃的温水中浸泡 1 天后，捞出催芽播种。条播或撒播。条播者，在播种前，按行距 15 cm 开沟，沟深 4～6 cm，沟内灌水，将种子播于沟内，播后覆土，稍加镇压，畦面盖草保温保湿，然后再浇 1 次水。每亩用种 5～7 kg。播后 7～10 天出苗，出苗后揭掉盖草，加强田间管理。

(二)整地施肥

育苗地应选择肥力中等、排水良好、通风凉爽的微酸性砂壤土，每亩施农家肥 2 000 kg，深翻耕，耙平整细，做 1.2 m 宽的畦。大田宜选择 5 年未种过白术的肥沃、通风、凉爽、排水良好的砂壤土。

(三)移栽

当年冬季至次年春季即可移植。以当年不抽叶开花、主芽健壮、根茎小而整齐、杏核大者为佳。移栽时剪去须根，按行距 25 cm 开深 10 cm 的沟，按株距 15 cm 左右将苗放入沟内，芽尖朝上，并与地面相平。栽后两侧稍加镇压，栽后浇水。

(四)田间管理

幼苗出土后要及时除草并按株距 4～6 cm 间苗。如天气干旱，可在株间除草，以减少水分蒸发。有条件的地区，可在早晚浇水抗旱。生长后期如发现抽薹，应及时摘除。

(1)中耕除草。幼苗出土至 5 月份，田间杂草众多，中耕除草要勤。5 月中旬后，植株进入生长旺期，一般不再中耕，株间如有杂草，可用手拔除。

(2)施肥。现蕾前后，可追肥 1 次，每亩于行间沟施尿素 20 kg 和复合肥 30 kg，施后覆土、浇水。摘蕾后一周，再追肥 1 次。

(3)灌水排水。白术生长时期，需要充足的水分，尤其是根茎膨大时期更需要水分，若遇干旱应及时浇水灌溉。如雨后积水应及时排水。

(4)摘蕾。6 月中旬植株开始现蕾，一般 7 月上、中旬在现蕾后至开花前分批将蕾摘除。摘蕾有利于提高白术根茎的产量和质量。应该注意的是除草、施肥、摘蕾等田间操作，均应在露水干后进行。

(5)盖草。7 月高温季节可在地表撒一层树叶、麦糠等覆盖，调节地温，使白术安全越夏。

(五)病虫防治

白术病虫害较多，主要有铁叶病、白绢病、根腐病、白术籽虫等。

1.铁叶病

发病初期叶片上有黄绿色小斑点，后病斑扩大互相连接呈多角形或不规则形，很快布满全叶，呈铁黑色，最后蔓延至全株，使全株枯死，严重的成片死亡。4 月下旬开始发病，6—8 月最重。防治方法：白术收获后，清除残株落叶，集中烧毁，减少病源。发病初期喷 1∶1∶100 波尔多液，后期喷 50%多菌灵可湿性粉剂 1 000 倍液，每隔 10～15 天喷 1 次，连续 3～4 次。

2.白绢病

发病初期地上部分无明显症状，随着温湿度的增高，根茎内菌丝穿出土层，菌丝布满根茎及四周的土表，形成乳白色后变为茶褐色如油菜籽大小的菌核。被害株枝梢枯萎下垂，最后全株枯死。于 4 月下旬发生，6 月上旬至 8 月中旬发病最重，在高温、高湿的条件下蔓延极快。防治方法：与禾本科作物轮作；选无病种栽，并用 40%百菌清悬浮剂 1 000 倍液浸 3～5 min；发现病株及时拔除，带土移出地外集中烧毁，并在穴中撒生石灰粉消毒。

3. 根腐病

发病初期，根毛和细根变褐色干腐，后期脱落，蔓延到根茎后根茎干腐，全株容易拔起，并迅速向主茎蔓延，使整个维管束系统发生褐色病变，枝叶枯萎，全株枯死。4 月中旬开始发生，6 月中旬进入盛期。防治方法：与禾本科作物轮作 3～5 年；选无病种栽，并用 40％百菌清悬浮剂 1 000 倍液浸种 5～10 min，晾干后下种；发病初期用 50％多菌灵可湿性粉剂 500 倍液浇灌病株。

4. 白术籽虫

为害白术种子，并咬食花蕾底部的肉质花托，致使花蕾萎缩、干瘪，种子被蛀，无法留种。防治方法：冬季深翻土，消灭越冬虫口；选用水旱轮作地种植；在初花期开始喷药防治，每隔 7～10 天喷 1 次，连续 3～4 次。

四、采收与加工技术

白术栽种当年，在 10 月下旬至 11 月中旬，白术茎叶开始枯萎时为采收适期。采收时，挖出根茎，剪去茎秆，运回加工。烘干时，初用猛火，温度可掌握在 90～100 ℃，出现水汽时降温至 60～70 ℃，2～3 h 上下翻动一次，须根干燥时取出闷堆“发汗”7～10 天，再烘至全干，并将残茎和须根搓去。一般每亩产干货 200～400 kg，折干率 30％。

产品以个大、肉厚、无高脚茎、无须根、坚固不空心、断面色黄白、香气浓郁者为佳。

白 及

一、概述

白及为兰科白及属植物，以植物的干燥块茎入药，白及具有清热、补血、补肺等作用，是中国传统中药材。白及的功效与作用可从一句民间歌诀中略知一二："白及味苦，攻专收敛，肿毒疮伤，外科最善。"

白及原产中国，广布于长江流域，江西是主产区之一。

二、形态特征及生物学特性

(一)特征特性

白及为多年生草本植物，株高 30～60 cm；块茎肉质，白色，具有 2～3 叉，呈菱角状，有须根，常数个并生；总状花序顶生，花淡紫红色，花瓣不整齐，花期 4—5 月；蒴果圆柱形，上有 6 条纵棱，两端稍尖，果期 7—8 月；种子细小，多数。另外，还有一种白及花为黄白色、叶为条状披针形，即狭叶白及。在紫红花白及中，又有大种、小种之分，其中以大种块茎产量较高。

(二)生长特性

白及生命力非常旺盛，生存温度为 －10～40 ℃，喜温暖、湿润、阴凉的气候环境，不耐寒；喜肥沃、疏松、排水良好的砂壤土或泥土、腐殖质壤土，常野生于丘陵、低山溪谷边及荫蔽的草丛中或者林下湿地。白及耐阴性强，忌强光直射，适合林下种植。温度在 15～25 ℃时白及生长最迅速，夏季高温干旱时叶片容易枯黄，秋、冬季会倒苗进入半休眠状态，春季重新长出更多的芽头。

三、繁殖技术

白及采用无性繁殖，也可进行有性繁殖，因种子细小，发芽比较困难，一般不采用种子繁殖。

(一)有性繁殖

白及花期 4—5 月，果熟期 7—8 月，当蒴果呈黄褐色时采收，种子在蒴果中保存。种子不耐贮藏。白及的种子很小，千粒重约 0.56 g。播种繁殖比较困难。其种子在 15～30 ℃下都能发芽。

(二)无性繁殖

白及主要采用鳞茎繁殖。栽种前翻地，深 30 cm 左右，耙细整平，筑成 130 cm 宽，沟深 15～20 cm 的高畦，以利于排水。选当年具有嫩芽的假鳞茎与老鳞茎毗连处切下，按行株距 33 cm 见方开穴，深 10～13 cm，每穴栽种 3 个，呈三角形平放穴中，新芽向外，每亩用种茎 15

000 个左右，栽后淋稀粪水，并盖上拌有粪水的草木灰或腐熟的堆肥，每穴一把，每亩需 1 200～1 500 kg，然后覆土与畦面齐平。于早春 2 月或秋季 8 月收获时栽种。

四、栽培及管理技术

（一）选地整地

白及宜选择在土层深厚、肥沃疏松、排水良好、富含腐殖质的砂壤土以及阴湿地块种植。前作收获后，翻耕土壤 20 cm 以上，并施腐熟有机肥 1 500 kg/亩、高效复合肥 50 kg/亩翻入土中作基肥。栽种前再浅耕 1 次，然后整细耙平，开沟做畦，畦宽 1.2 m，畦高 25～30 cm，沟宽 40 cm。

（二）栽前防草保水

整地后用乙草胺进行土壤封闭处理，然后用双色薄膜覆盖或者在栽植后用稻草（或谷壳）覆盖。

（三）栽种

白及可以在 4—5 月春栽，也可以在 9—10 月秋栽。栽植时，为保证成活率，必须选用经过驯化的壮苗（驯化苗），按行株距 30 cm×25 cm，在畦上挖孔栽植，栽后浇定根水，密度在 8 500 株/亩左右。若采用覆膜的方法种植，浇定根水后要用稻壳覆盖栽植孔，可防草保湿。

（四）田间管理

1. 中耕除草

因覆盖了地膜或稻壳等，第 1 年不需要除草。从第 2 年开始，一般每年除草 4 次，即第 1 次为 4 月齐苗后；第 2 次为 6 月旺盛生长期，此时杂草生长快、白及幼苗矮小，要及时除尽杂草，避免草荒；第 3 次为 8—9 月；第 4 次为 10 月前后。每次除草要避免损伤白及根系。

2. 追肥

白及喜肥，对于春栽白及，可在 6 月、9 月按 25 kg/亩撒施复合肥；对于秋栽白及，当年可不追肥，后 3 年在每年 4 月、6 月、9 月按 25 kg/亩撒施复合肥。

3. 排灌水

白及喜阴湿又怕涝，要经常保持土壤湿润，遇天旱应及时浇水。7—9 月，若持续晴天 10 天以上，早晚温度不高时需各浇 1 次水；雨季或每次大雨后，要及时疏沟，排除多余的积水，避免腐根。

（五）病虫害防治

白及从种植到采收需要 3～4 年，种植时间长，要做好病虫害防治工作。白及病虫害防治应坚持预防为主、综合防治的原则，因地制宜，综合应用土地轮作、物理捕杀、生物防治等防治方法，尽量减少化学药剂的用量。

1. 病害防治

白及病害主要为块茎腐烂病、根腐烂病、叶褐斑病、叶斑灰霉病。

（1）叶斑灰霉病。防治办法：清除病株残体，发病早期摘除下部病叶；及时采取药剂防治。可以轮换使用以下药剂：50％多菌灵可湿性粉剂 500～600 倍液、75％百菌清可湿性粉剂

600～800 倍液、65％代森锌可湿性粉剂 400～500 倍液，喷施。

(2)黑斑病。发生普遍，为害严重，在白及种植上较易发生。病菌以菌丝体或分生孢子盘在枯枝或土壤中越冬。翌年 5 月中、下旬开始侵染发病，7—9 月为发病盛期。孢子借风、雨或昆虫传播、扩大再侵染。防治方法：一般可以用 50％的多菌灵可湿性粉剂 500 倍液或 70％甲基托布津乳油 1 000 倍液浸种，也可在栽苗时浸苗基部 10 min。

(3)根腐病。以预防为主，雨水过多是病害流行的主要因素，降雨早而多的年份，发病早而重。低洼积水、通风不良、光照不足、肥水不当等条件有利于发病。南方春、夏季多雨，需排涝防烂根；一般可以用 50％多菌灵可湿性粉剂 800 倍液或 50％百菌清可湿性粉剂 800 倍液喷施，苗床加强通风排水。

2. 虫害防治

白及虫害主要为地下害虫，食害白及的假鳞茎、幼芽、根茎等，造成缺苗、死苗，主要有蝼蛄(啦啦蛄)、蛴螬(金龟子)、金针虫(叩头虫)和地老虎(截虫)等。蝼蛄咬食刚播下的种子或发芽的种子，并取食嫩茎和根，为害特点是将植株咬成乱麻状；同时蝼蛄在地表层活动，形成隧道，使幼苗根与土壤分离，造成幼苗凋枯死亡。

蛴螬为金龟子的幼虫，取食幼根和茎的地下部分，常将根部咬伤或咬断，为害特点是断口比较整齐，使幼苗枯萎死亡。

金针虫是叩头虫的幼虫，咬食块茎，为害特点是将幼根茎食成小孔，导致死苗、缺苗或引起块茎腐烂。

地老虎幼虫食性很杂，白天潜伏于土中，夜晚出土为害白及，为害特点是咬断植株茎基部，常造成作物缺苗断条。

在蛴螬、金针虫发生严重的地区，应以拌肥、闷种防治为主；蝼蛄发生严重的地区，应以毒饵诱杀为主；地老虎发生严重的地区，采用深翻灭卵、除草杀虫和药剂防治相结合的办法防治，还可用 90％晶体敌百虫 1 000 倍液或 75％辛硫磷乳油 1 000～1 500 倍液灌根。蚜虫可用 10％吡虫啉可湿性粉剂 1 500～2 000 倍液、48％毒死蜱乳油等触杀型农药喷施防治，效果较好；也可选用菊酯类农药如氯氰菊酯、氰戊菊酯、三氟氯氰菊酯等防治，也能取得较好的防治效果。蜗牛和蛞蝓可选用 6％四聚乙醛粒剂 5～8 kg/亩诱杀，注意施用后不喷水，一般在喷水后苗床微干时撒施。防治鼠害，可根据为害情况投放毒饵或利用鼠夹、鼠笼捕杀。

五、采收与加工技术

白及种植 4 年后，每年 9—10 月当茎叶枯萎时采挖，用二齿耙挖块茎，去掉泥土，进行加工。将块茎单个摘下，选留老秆的块茎作种用，剪掉茎秆，放入箩筐中，置于干净的水里浸泡，洗净泥土，踩去粗皮，清洗后取出沥干。沥干水后，置于开水锅内煮或烫约 8 min 至内无白心时，取出，冷却。摊晒于竹席上，晒至 5～6 成干，或在烘房于 50～60 ℃下烘至 5～6 成干时，取出回汁 2 大后，继续晒干或烘干至含水量为 12％～14％。去粗皮，将完全干燥的白及放入撞笼里，撞去未除尽的粗皮或须根，直至其成光滑、洁白的半透明体，筛去灰渣。

白及以个大，饱满，色白，味苦，嚼之有黏性，质坚实者为佳。贮藏时存放于清洁、阴凉、干燥通风、无异味的专用仓库中，并防回潮、防虫蛀。以温度 30 ℃以下，相对湿度 60％～70％为宜。贮藏期间应保持环境清洁，发现受潮及轻度霉变、虫蛀，要及时晾晒或翻堆通风。有条件的地方可进行密封抽氧充氮养护。

白芍

一、概述

白芍为毛茛科多年生草本植物,根经干燥供药用,是常用的中药。白芍具有平肝止痛、养血调经、敛阴止汗等功效,主治血虚肝旺引起的头痛、头晕、胸肋痛、泻痢腹痛、月经不调、自汗盗汗及冠心病等症。毛茛科有30属约220种植物可供药用,其中芍药属就有30种。白芍在全国各地均有栽培,江西主要在宜春、抚州、吉安等地有栽培。

二、形态特征及生物学特性

白芍为多年生草本植物,其茎高40～80 cm。茎直立,光滑无毛;叶互生,具长柄;二回三出复叶;白芍花甚大,单生于花茎的分枝顶端,倒卵形,白色、粉红色或红色;花期5—7月,果期6—7月。白芍的药用部位主要在根部,根肥大,通常为圆柱形或略呈纺锤形。白芍系深根性植物,喜温和气候,阳光充足,稍耐干旱,在土层深厚、排水良好的肥沃砂壤土中生长良好。

三、栽培及管理技术

(一)种苗繁殖

白芍的繁殖主要有种子繁殖、分株繁殖、芽头繁殖3种方法。但生产上大量采用分株和芽头繁殖方法。江西主要采用留种培育繁殖。具体方法如下。

白芍的支根较多,采收时将可供药用的根部剪下,留下白芍的支根做种,并根据其根与芽的分布情况,将其剪成2～4枝,每枝留1～2个饱满的粗芽和1～3条支根作为1株,同时把侧根以及长根全部剪掉,作为苗用。种根整好后,须保藏于地势干燥、排水良好的树荫下或室内,用红壤土堆放,上面加盖茅草,保持一定温度,并经常检查,以免霉烂。

(二)栽培技术

1. 选地与整地

白芍生长年限较长,根系发达,入土深,宜选择土层深厚、排水良好、疏松肥沃的砂壤土栽培。选定地块后要进行机械整地或人工整地,深耕30 cm以上,做成60 cm宽的垄。栽种前施腐熟有机肥;或者选用化肥,每亩施三元复合肥75 kg。

2. 栽培

在栽培时,先在整好的地块上挖穴,然后将种芽放入穴内,每穴放1～2个种芽,种芽要朝上,避免种芽歪倒造成闷芽。种芽放好后,用充分腐熟的有机肥和土杂肥,加少量的过磷酸钙,拌好后施入穴内,上面再用细肥土覆盖。

(三)田间管理

1. 中耕除草

中耕能疏松土壤,增加空气。雨季松土能加快水分蒸发,减小土壤湿度,利于根的生长。因此,应加强白芍地块的中耕除草工作。出苗后一般每年进行 3～4 次。注意除草宜浅,以免伤根死苗,第 1 年可锄 10～12 cm 深,第 2 年锄 6～8 cm 深,第 3、4 年只宜浅锄,以免伤害根部,特别是第 4 年以疏松表土、除净杂草为宜。

栽后次年苗出土后,应立即松土,以免影响生长。以后适时松土,保持土壤疏松、地内无杂草即可。冬季于 10 月下旬,在离地面 7～10 cm 处剪去枝叶,并清除地上部枯枝残叶后,进行深松土,并拣净杂草根,以利于越冬。

2. 科学施肥

白芍在营养肥沃的土壤中生长最为迅速,在种植户施加完足量的基肥之后,还应该在 1～2 年内根据田间套种情况合理地追加肥料。在种植的第 3 年进入旺盛生长期,这时白芍所需要的肥料和水量迅速增大,应增加施肥次数,在 3 个月白芍苗长齐后第一次施肥,以过磷酸钙、枯饼肥等为主;第二次施肥在 5 个月后,用尿素水浇施;12 月中旬进行第三次施肥,以肥饼和复合肥为主,采用穴施。

3. 摘蕾

为集中养分,促进根部和植株的生长,已现蕾的芍药,除留种外,选晴天将花蕾全部摘除。留种的植株,也应当留大去小,使种子粒大、饱满。

4. 间作

白芍是多年生植物,植株生长较缓慢,为了综合利用土地资源,增加经济效益,在白芍栽后的 1～2 年内,夏、秋季可适当间作蔬菜、豆类等作物;冬季可间作大蒜、洋葱、菠菜等蔬菜。

(四)病虫害及其防治

白芍的虫害主要有蚜虫、红蜘蛛、介壳虫、蛴螬、卷叶蛾、天蛾等;病害主要有叶霉病、轮纹病、菌核病、疫病等。为了保护环境,减少污染,尽量少用农药。防治应以预防为主、综合防治的方法,合理密植,适当施加磷酸钾肥,增强白芍的抗病性,治早治少。对害虫蛴螬则应采取诱杀,办法是用莴苣或青菜叶切碎,均匀喷洒 50 倍的 90%晶体敌百虫药液,杀死害虫。对病害,重在预防,及时摘除病叶,清扫枯叶,减少病原。喷药防病,可使用的农药有 50%甲基托布津乳油 500 倍液、50%的多菌灵可湿性粉剂 500 倍液、40%百菌清悬浮剂 800 倍液,3 种农药交叉使用进行预防,在春季每隔 20 天左右喷药 1 次,夏季每半月喷药 1 次。

四、采收与加工技术

(一)采收

白芍栽种 3～4 年开始采收,江西为 6 月入伏至立秋采收,此时芍根粉足,晒干比率高,成色好。采收时宜选晴天地干时进行,割去茎叶,挖出白芍的全根,抖去泥土,留种芽作栽培种,切下药用根加工成药即可。

（二）加工

白芍加工工序为煮芍、刮皮、干燥三个步骤。将白芍根用清水洗净，并分成大、中、小三级，分别放入开水中，并不断翻动，待白芍根开始变白，表面出现气泡时，捞出并放置于冷水中短时浸泡，即可进行刮皮、晒干。注意放置于日光下自然晾晒，晒时经常翻动，至八成干，堆放室内或装入麻袋闷 2～3 天，再晒 3～5 天，如此反复直至全干。以根粗、坚实、无白心或裂隙者为佳。

重　楼

一、概述

重楼为百合科重楼属多年生草本植物，一般以根茎入药，是常用中药。重楼具有清热解毒、消肿止痛、凉肝定惊的功效，用于疔疮痈肿、咽喉肿痛、毒蛇咬伤、跌扑伤痛、惊风抽搐等症。主产于云南、贵州、广西、江西、四川、湖北及甘肃等。重楼品种类型主要有华重楼（又名七叶一枝花）和滇重楼。江西各地均有栽培，栽培类型为华重楼。

二、形态特征及生物学特性

华重楼大多为多年生草本植物，高 30～150 cm，茎上面有一层白粉。有 5～11 片叶子轮生在上方，叶片形状为长圆形，叶片偏小，长度 7～17 cm，宽度 2.5～5 cm。华重楼的花被片为细线形，颜色为黄色或者黄绿色，花期从 5 月份开始。受地区地质、气候和水分等因素的影响，不同种类华重楼的生长形态存在较大的差异。

华重楼是一种喜阴凉的植物，应选择光照时间短的地块进行种植。华重楼生长过程中，要求较高的空气湿度和遮蔽度。适宜生长在高海拔地区，要求年平均气温为 12～18 ℃，无霜期 270 天以上，年降水量 850～1 200 mm，降雨量集中在 6—9 月，空气湿度在 75%以上，土壤湿润。在种植华重楼时，搭建的荫棚遮阴度在 60%～70%，散射光能有效促进华重楼的生长。

三、栽培及管理技术

（一）繁殖技术

重楼主要有根茎繁殖及种子繁殖两种方法，其中以根茎繁殖为主。

1. 根茎繁殖

根茎繁殖简单，易成活，成活率极高，可达 90%以上，而且常年可种植，用带芽头的完整根茎（当年可开花结籽）或用有萌发能力的芽残茎，切成小段，切好后适当晾干并拌草木灰，按 10～30 cm 株距、30～50 cm 行距排沟播种，盖土不超过 3～5 cm，芽头可盖植物枯叶或薄膜，可起到保湿护芽的作用，每年的 3—6 月是重楼的发苗期。

2. 重楼的种子繁殖

重楼的种子具有明显的后熟作用，胚需要休眠完成后熟才能萌发，在自然情况下经过两个冬天才能出土成苗，且出苗率较低，种子大多在 9—12 月份成熟，现采现播，第二年的 8 月份有少部分出苗，大部分苗要到第三年 5 月份后才能长出。种子繁育出来的种苗生长缓慢，出苗率极低，3 年后，重楼苗形成明显根茎时方可进行移栽，一般种子繁殖 5～8 年可收获。

(二)选地与整地

选择地势较高,排水良好,土质为富含有机质、荫蔽较好(透光率 20%)的林下空地或坡地,旱地则要搭 3～4 层遮阴网。选择晴天,田块较干时翻耕,翻耕 15 cm 左右,翻耕时将土块碾碎,并捡去石块和杂草,平整做畦。畦面宽 120 cm、沟宽 30 cm、沟深 25 cm,沟要畅通,利于排水。

(三)适时移栽,合理密植

重楼小苗倒苗到第二年出苗前(一般在每年的10—11 月)可以进行移栽,在这个时期进行移栽操作会减少对华重楼根系的破坏,同时,基于这个时期华重楼的花朵和叶片等没有得到发育,在移栽操作之后会出现新的苗木。苗木移出之后及时栽植。一般种植 2.5 万～3.5 万株/亩,种植规格 10 cm×15 cm。

(四)田间管理

1. 中耕除草

移栽后,应抓紧时机,见草就除。先用手拔除重楼植株周围杂草,再用专用的小锄轻轻除去其他杂草。锄草时不能伤及华重楼的地上部分与须根。一般是中耕除草和松土结合进行。

2. 查苗补苗

通常于 5 月中、下旬对直播地进行间苗,同时查苗补缺。间苗前要先浇水,用木撬取苗,补苗时浇定根水,充分利用小苗,确保重楼苗木生长的高度达到规定的标准。

3. 科学施肥

重楼的施肥以有机肥为主,辅以复合肥和各种微量元素肥料。追肥时每亩每次施腐熟有机肥 1 000 kg。在施用有机肥的同时,应根据重楼的生长情况配合施用 N、P、K 肥料。每亩撒施 30 kg,施肥后应浇 1 次水或在下雨前追施。重楼的叶面积较大,在其生长旺盛期可进行叶面施肥以促进植株生长,用 0.5%尿素和 0.2%磷酸二氢钾喷施,每 15 天喷 1 次,共 3 次。喷施应在晴天傍晚进行。

4. 灌溉排水

重楼移栽后每 10～15 天应及时浇水 1 次,并在水中添加 0.5%的益富源催芽生根剂,从而更好地促进华重楼根系的生长。出苗后,有条件的地方可采用喷灌,以增加空气湿度,促进重楼的生长。雨季来临前要注意整沟,以保持排水畅通,畦面不能积水。

5. 摘顶管理

在华重楼的营养生长结束时,对于不需要留种用的植株要在第一时间进行处理,植株保留一定数量的萼片,发出新的枝条之后要及时将老去的黄叶清理掉。

(五)病虫害及其防治

重楼主要病虫害有根腐病、猝倒病、茎腐病等;虫害主要是地老虎和金龟子及其幼虫蛴螬。

1. 根腐病

发病初期，地上部分出现萎蔫，叶片下垂，块根发软，而后根部出现黄褐色水渍状斑块，直至块茎腐烂，并伴有特殊臭味，后期植株枯死。

防治方法：雨季要尽快疏沟排水，避免水淹；药物防治可用 50%多菌灵可湿性粉剂 500 倍液进行喷施，或用生石灰 200 倍液灌根防治。

2. 猝倒病

该病由腐霉菌引起，在幼苗期易发生，通常在春季低温多雨时发病较重。发生初期茎基部感病，呈水渍状，随后很快向地上部扩展，植株突然倒伏。

防治方法：选择无病种苗，清沟排水，病害发生后应尽快除去病株；药物防治可用 50%多菌灵可湿性粉剂 600 倍液＋58%甲霜灵·锰锌可湿性粉剂 600 倍液混合后浇淋畦面。

3. 茎腐病

发病初期，叶片、茎基出现水渍状小斑，病斑扩大后，叶尖失水下垂，造成根茎部组织腐烂、倒苗；该病多发生在高温多雨季节。

防治方法：冬季植株倒苗后清除枯枝、病叶，并将其集中焚毁；药物防治可用 80%代森锰锌可湿性粉剂 500 倍液、75%百菌清水分散粒剂 600 倍液、58%甲霜灵 · 锰锌可湿性粉剂 600 倍液等其中一种药液进行喷施防治。

4. 虫害

地老虎伤食重楼的茎和根茎，使之倒伏或成不规则的凹洞；其防治方法为可利用害虫趋性使用黑光灯诱杀和人工捕杀，也可用少量樟脑粉兑水喷雾驱赶；药物防治可在成虫发生初期选用 50%辛硫磷乳油 1 000 倍液或 10%吡虫啉可湿性粉剂 1 500 倍液喷防，也可在幼虫期用 5%辛硫磷颗粒剂 2.5 kg/亩，拌细沙 2～2.5 kg 撒施于重楼植株旁进行诱杀。

金龟子咬食叶片，造成缺刻、空洞，严重时吃光叶片，只留下叶脉；其防治方法为夜间用火把诱捕成虫，或用鲜菜叶喷洒 90%晶体敌百虫放于畦面诱杀幼虫，以控制虫口密度；整地做畦时，撒施 5%辛硫磷颗粒剂 2 kg/亩。

四、采收与加工技术

（一）采收

在秋季倒苗前后即 11—12 月至翌年春季萌动前均可收获，块茎大多生长在表土层，容易采挖，但还是要注意保持块茎完整。采收前先清除杂草及枯枝残叶，然后从浅至深，不要漏挖。采收的重楼不宜放置在太阳下暴晒，应及时运到室内摊开，不宜堆积过高，以免发热。分级过筛除去须根，并拣去泥块、石块、杂草，洗净后滤干。

（二）加工

挖取的重楼，去净泥土和茎叶，把带顶芽部分切下留作种苗，其余部分晾干，趁鲜切片，切片厚 2～3 mm，晒干即可。阴天可用 30 ℃左右的温度烘干，要避免糊化。打包或装麻袋贮藏。以粗壮、坚实、断面白、粉性足者为佳。

太子参

一、概述

太子参为石竹科孩儿参属多年生草本植物。以地下块根入药,太子参味甘、微苦,性平。归脾、肺经。具有益气健脾,生津润肺功效。用于脾虚体倦,食欲不振,病后虚弱,气阴不足,自汗口渴,肺燥干咳。自然分布于华东、华中、华北等地,主产福建、贵州、安徽、江西等地,江西新余、吉安、宜春、景德镇等地为主要栽培区。

二、形态特征及生物学特性

太子参喜温和湿润的环境,怕高温,在 30 ℃以上时生长停滞,怕强光暴晒,烈日直射下易枯死;耐寒,低温条件下能发芽、发根,块根在 −17 ℃ 气温下可安全越冬,怕干旱,怕涝,干旱时生长不好,田间积水容易烂根。以疏松肥沃、富含腐殖质、中性或微酸性的砂壤土或黄红壤土为好,低洼积水地、重黏土、盐碱地不宜种植。忌重茬,须隔 2～3 年轮作,前茬以甘薯、花生等为宜。可在种植沟边套种玉米,起到遮阴作用,也可在幼龄油茶林、果林行间进行套种。

太子参一般 2—3 月出苗,随之现蕾开花。4—5 月植株生长旺盛,地下茎逐节发根、伸长、膨大。果期 5—6 月,种子 6 月成熟。6 月下旬以后,地上茎叶枯萎,大量叶片脱落,大暑时植株枯死,参种腐烂,新参在土中互相散开,进入越夏休眠期。

三、栽培及管理技术

(一)种苗繁殖

太子参主要采取块根繁殖,也可种子繁殖;生产上主要采用块根繁殖。

块根繁殖可选择芽头完整、色泽鲜艳、参体肥大、无伤、无霉烂与病虫害的块根作种参。种参用 30%甲霜·恶霉灵水剂800～1 000 倍液＋50%辛硫磷乳油 1 000 倍液,或 50%多菌灵可湿性粉剂 800～1 000 倍液,或用 70%恶霉灵可湿性粉剂 400～600 倍液浸种 30 min,取出晾干表面水分备用。

(二)栽植技术

1. 选地整地

在丘陵坡地或地势较高地段的缓坡旱地种植,疏松肥沃、富含腐殖质、排水良好、中性或微酸性的砂壤土或壤土为宜。在早秋作物收获后,深翻 25～30 cm,最好翻 2 次,土越细越好,有利于阳光照射杀死土壤中的一些病菌,利于出苗和栽种,减少来年杂草。结合翻耕,每亩施入腐熟有机肥 1 000～2 000 kg(或商品有机肥 200～300 kg)、复合肥 50 kg、钙镁磷肥 50 kg。耙碎整平,做成宽约 1.0 m、高 15～20 cm 龟背形种植床。种植前 15 天用 50%辛硫磷乳油

0.5 kg 配成 800 倍液喷床面后将表土翻入土层，预防地下害虫。

2. 栽种

在 10 月下旬至 11 月上旬栽种为佳。按行距 15 cm 左右开沟，沟深 7～8 cm，再将种根平排或斜排于沟内，平排参根首尾相连，斜排参首齐平，顶芽向上，株距 5～7 cm。然后继续按行距 15 cm 左右开沟，将开沟的泥土覆盖前一沟，再摆种，以此类推。注意覆土深度一般以芽头盖土 4～5 cm 为宜。或者先在耕好整平细碎的土地上，按照床面 1 m、沟宽 30 cm 做厢，在厢面稀疏撒播种根，并且略耙匀至株间距 5～8 cm，然后开沟将中间 30 cm 沟里的细土覆盖种茎，即能覆盖 3～5 cm。栽后耙平，将床面整成弓背形，并在床面撒药剂以防止鸟鼠为害。每亩用种量 30～40 kg。

(三)田间管理

1. 中耕除草

2 月底 3 月初出苗，幼苗出土后见草就拔，中耕松土 1 次，用小锄浅锄 2～3 cm，避免伤根。齐苗后，轻度疏松表土，结合清沟进行培土，厚度以 1.5 cm 为宜，培土有利于茎节生根。参苗封行后，不再中耕松土，以免影响参根生长。

2. 合理施肥

通常施足基肥可不追肥。根据叶色和苗情追肥，茎叶现黄可追肥 1～2 次。3 月中旬齐苗期，每亩撒施复合肥 10～30 kg 加尿素约 15 kg。4 月上旬块根膨大期，视苗情而定，追肥不超过 4 月底；对苗壮、土层肥沃、基肥足的地块不宜追肥，避免枝叶徒长；对基肥不足、地力瘠瘦、苗期分枝少、苗架纤弱的地块，结合培土每亩用高效复合肥 10 kg 拌土施于种植床中，防止早衰，促进块根增生、膨大。

(四)病虫害防治

1. 叶斑病

春夏多雨季节易发生。叶片产生圆形或不规则形的褐色病斑，发病严重时整个叶片枯死。防治措施：及时清除病株残叶；雨后及时清沟排水；发病初期，喷 40%苯醚·甲环唑悬浮剂4 000 倍液、40%氟硅唑乳油 8 000 倍液或 65%代森锌可湿性粉剂 500 倍液，隔 7～10 天 1 次，连喷 2～3 次。

2. 根腐病

高温高湿季节易发生。根部褐色病变，后期腐烂，地上部分萎蔫枯死。防治措施：选地势高燥坡地种植，疏松土壤，实行轮作；雨后注意排水，防止积水；发病初期用 40%苯醚·甲环唑悬浮剂4 000 倍液、75%百菌清可湿性粉剂 800 倍液或 50%甲基托布津乳油 1 000 倍液浇灌病株。杀菌剂宜轮换使用。

3. 病毒病(花叶病)

多在 4—5 月发生。表现为植株矮小，叶片皱缩，呈斑驳花叶；块根变小，根数减少。防治措施：选择无毒种参；不要重茬；及时拔除病株；及时防治蚜虫（蚜虫传播病毒）。发病初期用40%烯烃吗啉胍可溶性粉剂（克毒宝）1 000 倍液或 20%盐酸吗啉胍可湿性粉剂 800 倍液，每隔 7～10 天用药 1 次，连续防治 2～3 次。或在药剂防治的同时施磷酸二氢钾，在发病初期每隔 7 天喷 1 次，连续喷 2 次，可增强植株活力，抑制病毒的危害。

4. 疫病和霜霉病

植株发病时，叶片背面有一层霜状霉层为主要特征。发病初期，叶片背面出现白色霉状物。严重时，叶片枯黄，病害发生多从外叶开始，逐渐向内叶蔓延。病斑发生在叶缘时，可使叶片畸形。霉层初为白色，后变为灰黑色，致使叶片枯黄而死。防治措施：可用 86.2%氧化亚铜可湿性粉剂 800～1 200 倍液或 72%霜脲·锰锌可湿性粉剂 500～700 倍液或 70%丙森锌可湿性粉剂 125～188 g/亩对太子参进行均匀喷雾。

5. 蛴螬、地老虎

幼虫咬断幼苗或根茎。防治措施：人工捕捉；用 90%晶体敌百虫拌青菜叶诱杀；早春用48%毒死蜱乳油 800～1 000 倍液或 10%吡虫啉可湿性粉剂 1 000 倍液均匀喷雾，隔 8～10 天灌根 1 次，连续 2～3 次，也可在雨天来临前撒施 5%毒辛颗粒剂或 5%毒死蜱颗粒剂 3 kg/亩。

四、采收与加工技术

太子参栽种后翌年 6 月下旬至 7 月上旬，大部分呈枯黄倒苗时采收。选晴天，用四齿耙深挖翻土，捡出参根，抖掉泥土，去除茎叶，洗净。摊开晾晒，直接晒干，搓去须根；或置沸水中烫 1～3 min，捞出暴晒至半干，搓去须根，再晒干，也可烘干。一般亩产鲜品 300～500 kg，折干率约 30%。太子参药材干品含水量不得超过 14%。

桔 梗

一、概述

桔梗属草本植物，别名包袱花、铃铛花、僧帽花，是多年生草本植物。其花可观赏，根可入药，有止咳祛痰、宣肺、排脓等作用，是常用中药材。

桔梗有紫花桔梗、蓝花桔梗、白花桔梗，桔梗分布广泛，华中各省均有种植，江西各地有野生和栽培。

二、形态特征及生物学特性

（一）形态特征

桔梗茎高 20～120 cm，通常无毛，偶密被短毛，不分枝，极少上部分枝。叶全部轮生，部分轮生至全部互生，无柄或有极短的柄，叶片卵形、卵状椭圆形至披针形，长 2～7 cm，宽 0.5～3.5 cm，基部宽楔形至圆钝，急尖，上面无毛而绿色，下面常无毛而有白粉，有时脉上有短毛或瘤突状毛，叶缘具细锯齿。花单朵顶生，或数朵集成假总状花序，或有花序分枝而集成圆锥花序；花萼钟状五裂片，被白粉，裂片三角形，或狭三角形，有时齿状；花冠大，长 1.5～4.0 cm，蓝色、紫色或白色。蒴果球状，或球状倒圆锥形，或倒卵状，长 1～2.5 cm，直径约 1 cm。

（二）生物学特性

桔梗喜凉爽气候，耐寒、喜阳光。宜栽培在海拔 1 100 m 以下的丘陵地带的砂壤土中，以富含磷钾肥的中性夹沙土生长较好，种子寿命为 1 年，在低温下贮藏，能延长种子寿命。0～4 ℃干贮种子 18 个月，其发芽率比常温贮藏提高 3.5～4 倍。在 18～25 ℃下，播种后 15 天出苗。

三、栽培及管理技术

（一）繁殖技术

桔梗采用种子繁殖，桔梗种子应选择 2 年生以上非陈积的种子（种子陈积一年，发芽率降低 70%以上），种植前进行发芽试验，保证种子发芽率在 70%以上。

留种株于 8 月下旬打除侧枝上的花序，使营养集中供给上中部果实的发育，促使种子饱满，提高种子质量。蒴果变黄时割下全株，放通风干燥处后熟然后晒干脱粒，待用。

（二）选地

桔梗适宜生长在较疏松的土壤中，尤喜坡地和山地，以半阴半阳的地势为最佳，平地栽培要有良好的排水条件。桔梗不宜连作。

（三）整地

桔梗有较长的肉质根，因此最好是垄上栽培。于早春（4 月中、下旬）撒上农家肥将地翻耕耙细整平（深翻 30 cm）。做垄时，先在地上隔 2 m 打上格线，开沟，然后将沟里的土向两边分撩，做成垄宽 1.7 m，沟宽 30 cm 左右的垄床，如遇旱，可沿沟灌溉，以备播种。

通常采用直播，也可育苗移栽，直播产量高于移栽，且叉根少、质量好。可秋播、冬播或春播，以秋播最好。

（四）播种

春播宜用温汤浸种，可提早出苗，即将种子置于温水中，随即搅拌至水凉后，再浸泡 8 h，用湿麻袋片盖好，每天早晚用温水冲洗一次，约 5 天，待种子萌动时即可播种。种子均匀播于沟内，因种子细小，播时可用细沙和种子拌匀后播种，播后盖土或火灰，干旱地区播后要浇水保湿。每亩用种量 500～750 g。出苗期间要注意松土除草，当苗高约 2 cm 时进行间苗，后施稀速效肥并培土，防止倒伏。此外，还要经常松土除草，干旱要及时浇水。一般于播后秋末或早春萌芽前收获。

防止桔梗岔根，桔梗以根直、分枝少、坚实为佳。栽培的桔梗常有许多合根，有的主根粗短，不到 3 cm，支根 3～4 条，大大影响质量。如果一株多苗就有岔根，苗越茂盛主根的生长就越受到影响。反之，一株一苗则无岔根、支根。因此，应随时剔除多余苗头，尤其是第 2 年春返青时最易出现多苗，此时要特别注意，把多余的苗头除掉，保持一株一苗。同时多施磷肥，少施氮肥，防止地上部分徒长，必要时打顶，减少养分消耗，促使根部的正常生长。

干播的种子需 25 天左右出苗，催芽播种的种子也需 10 天左右出苗。待小苗出土后，及时除去杂草，小苗过密要适时疏苗，以每 100 cm^2 种 10～12 株为宜，间隔 5 cm 保留一株进行间苗（每亩 6 万株左右），并配合松土。后期也要适时进行除草。另外，桔梗花期较长，要消耗大量养分，影响根部生长，除留种田外要及时疏花疏果以提高根的产量和质量。

（五）施肥

桔梗在大田播种前可每亩施有机肥 1 000～2 000 kg、复合肥 40 kg、过磷酸钙 30 kg，为防治蛴螬可在翻倒农家肥时每吨施入 1 kg 甲敌粉与有机肥混合均匀在翻地前施入，后期追肥主要用尿素，可在当年 7 月和第二年 7—8 月份用尿素 25 kg 进行追肥提苗。

（六）病害防治

1. 根腐病

为害根部，受害根部出现黑褐斑点，后期腐烂至全株枯死。防治方法：用 50％多菌灵可湿性粉剂 800 倍液浇灌病区；雨后注意排水，田间不宜过湿。

2. 白粉病

主要为害叶片。发病时，病叶上布满白色粉状物，严重至全株枯萎。防治方法：发病初用

0.3 波美度石硫合剂或 25%吡唑醚菌酯悬浮剂 750～1 500 倍液叶面喷施或用 20%粉锈宁可湿性粉剂 33～40 g/亩喷洒。

3. 根线虫病

植株受害时，根部有病状突起，地上茎叶早枯。防治方法：一是土壤消毒。整地时可用每亩 3%米乐尔颗粒剂 4～6 kg 或 5%杀线灵颗粒剂 3～4 kg 拌干细土 25 kg 均匀撒施，先撒后犁。或在播前每亩用 1.8%爱福丁乳油 450～500 mL。拌细土 20～25 kg 均匀撒施，然后深耕 10 cm。二是灌根。在发病初期用 20%噻唑膦水乳剂 1 000 倍液灌根，10～15 天灌根 1 次。

4. 紫纹羽病

9 月中旬为害严重，10 月根腐烂。受害根部初期变红，密布网状红褐色菌丝，后期形成绿豆大小的紫色菌核，茎叶枯萎死亡。防治方法：加强栽培管理，彻底清除树桩、残根等带病残体并烧毁，病穴灌 5%石灰水消毒；对土壤进行翻晒、晾晒、灌水；有条件者可用聚乙烯薄膜覆盖土壤过夏；增施有机肥；掺沙改黏、挖沟排水、种植绿肥；切忌连作，实行轮作倒茬。对于严重发病的树穴，要灌药杀菌或另换无病新土，所用药剂有 50%代森铵水剂 100～150 倍液。此外，40%福美砷可湿性粉剂 500～800 倍液、40%五氯硝基苯粉剂 50～100 倍毒土等也可用。对病株周围土壤，每株用 70%五氯硝基苯粉 0.2 kg，配制成 1∶(50～100)的药土，均匀撒施于病株周围土中，或用 70%甲基托布津乳油或 50%多菌灵可湿性粉剂 500 倍液灌根。

5. 炭疽病

7—8 月高温高湿时易发病，蔓延迅速，植株成片倒伏死亡，主要为害茎秆基部，初期茎基部出现褐色斑点，逐渐扩大至茎秆四周，后期病部收缩，植株倒伏。防治方法：在幼苗出土前用 20%退菌特可湿性粉剂 500 倍液喷雾预防，发病初期喷 1∶1∶100 波尔多液或 50%甲基托布津可湿性粉剂 800 倍液，每 10 天喷 1 次，连续喷 3～4 次。

6. 轮纹病和斑枯病

为害叶片，发病初期喷 1∶1∶100 波尔多液或 50%多菌灵可湿性粉剂 1 000 倍液，连续喷 2～3 次。

四、采收与加工技术

桔梗以根入药。一般在播种后 2 年收获，如肥水充足、管理好，可在当年的秋末或翌年春初刨收。根刨出后，去净茎叶，洗净泥土，趁鲜刮去外皮，晒干入药。如遇阴雨天气应及时烘干，否则易发霉变质和生黄色水锈。刮皮时不要伤破中皮，以免内心黄水流出，影响质量。桔梗在晾晒时应经常翻动，到近干时堆起发汗一天，使内部水分转移到体外，再晒至全干。

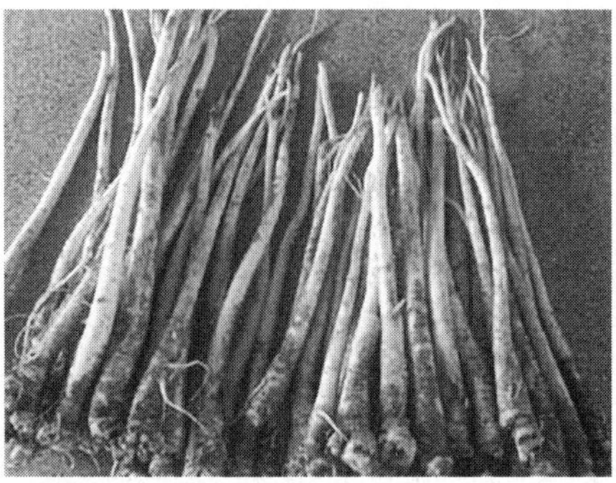

一般每亩产干品 150～200 kg。应贮藏在仓库干燥通风处，适宜温度 30 ℃以下，相对湿度 70%～75%。

水分含量11%～13%。贮藏期间应定期检查，发现初霉、虫蛀要及时晾晒。

产品以根条肥大、色白、质坚实、断面稍有颗粒性、具菊花纹、味苦者为佳。

丹　参

一、概述

丹参又名血参、赤参、紫丹参、红根等。丹参的入药部分为唇形科植物丹参的干燥根和根茎，春、秋二季采挖，除去泥沙、干燥，有祛瘀止痛、活血调经、清心除烦、凉血消痈等功效。用于治疗妇女月经不调、冠心病、症瘕积聚、骨节疼痛、心烦内热、痈肿丹毒等症。

丹参主产于四川、山东等省，全国各地均有栽培，江西主要在铜鼓县等地有栽培。

二、形态特征及生物学特性

(一)形态特征

丹参为多年生草本，根砖红色。茎高 40～80 cm，多分枝，被长柔毛。叶常为奇数羽状复叶，叶柄长 1～7 cm，小叶 3～7 片。顶端小叶较大，小叶卵形或椭圆状卵形，长 1.5～8 cm，宽 0.8～5 cm，先端钝，边缘具圆锯齿，两面被柔毛，下面较密。花序顶生或腋生，轮伞花序有花 6 朵至多花，组成假总状花序，密被腺毛及长柔毛；小苞片披针形，具睫毛；花萼钟状，长 1～1.3 cm，先端二唇形，萼筒喉部密被白色柔毛；花冠蓝紫色，二唇形，长 2～2.7 cm，花冠筒外伸，弯曲，上唇长达 2 cm，筒内有毛环；雄蕊 2 枚，药隔长，花丝短，上臂药室发育，下臂的 2 枚药室不育且联合。小坚果 4 个，椭圆形。花期 5—8 月，果期 8—9 月。

(二)生物学特性

丹参原野生于林边地堰、路旁、山坡等光照充足的地方。怕涝，耐寒，对土壤要求不严格。地上部分生长最适气温在 20～26 ℃。抗寒力较强，初次霜冻后叶仍保持绿色，茎叶能经受短期 −5 ℃ 左右低温，平均气温 10 ℃以下时，地上部分开始枯萎。根在气温 −15 ℃ 左右仍可安全越冬。种子一般在气温 18～22 ℃下，保持一定湿度，2 周左右可出苗。根段一般在地温 15～17 ℃开始萌发不定芽与根，1 周左右发新根，20 天左右生不定芽。人工栽培以选择土层深厚，质地疏松的壤土或砂壤土为宜，过黏或过沙的土壤不宜种植。3—5 月为茎叶生长旺季，4 月开始长茎秆，4—6 月枝叶茂盛，陆续开花结果。7 月之后根生长迅速，7—8 月茎秆中部以下叶子部分脱落，果后花序梗自行枯萎，花序基部及其下面一节的腋芽萌动并长出侧枝和新叶，同时基生叶又丛生，此时新枝新叶能加强植物的光合作用，有利于根的生长。

三、栽培及管理技术

(一)种苗繁殖

丹参的繁殖方法主要有分根繁殖、芦头繁殖、扦插繁殖、种子繁殖等。

1. 分根繁殖

分根繁殖需要选择种根。在收获丹参时，可以将选好的种根留在原地不采挖，等到第二年春种时随采随栽，也可在采收后选择直径 1 cm 左右、生长良好的根条做种根，将其用湿沙掩埋直到第二年春种时将其挖出，切成 6 cm 左右的小段，在整好的畦面上，按行距 30～35 cm、株距 22～25 cm，挖深约 6 cm 的坑穴，在穴底施适量的基肥，填土后将切好的小段放入穴内，大头朝上，覆土约 2 cm 即可。

2. 芦头繁殖

秋季收获丹参时，选择粗壮、色红、无病害、发育充实、直径 0.6 cm 左右的细根连芦头作种苗进行种植，一般在晚秋或早春进行，种植方法与扦插种植相同，栽种后第二年即可收获。

3. 扦插繁殖

选取生长良好的茎枝沿根部剪下，再剪成 14～18 cm 的插穗，去除下部叶片，将苗床用水湿润，然后按行距 20 cm、株距 10 cm 将插穗插入苗床，露出 1～2 个叶片，生长期间保持苗床湿润，约半个月之后枝条便可生根，待根生长至 3 cm 左右时便可移栽到大田。

4. 种子繁殖

种子繁殖可分为直播和育苗。因种子本身发芽率低，所以一般采用先育苗后移栽的方法。一般在 3 月下旬进行育苗，开行距约 30 cm、深 1 cm 的沟进行条播，把细小的丹参种子和细沙混匀后撒入沟内，覆薄土后覆盖地膜，当地温达到 20 ℃时，半个月即可出苗，等其长到 5 cm 时进行间苗，约 5 月下旬可进行移栽。

(二)栽植技术

选择向阳、土质深厚、排水性好的地区作为种植区域，尽量选择沙质土壤。若土壤黏度过大，会影响排水，进而影响根系呼吸，导致烂根现象发生。前作秋季收获之后，对田间进行深耕，第二年春季种植前，做宽 1.2 m、高 20 cm 的田畦，畦沟宽为 25 cm，整地时每亩施加 1 000～2 000 kg 的有机肥料作为基肥。

(三)田间管理

1. 中耕除草

丹参苗生长至 10 cm 左右时要进行松土，但松土宜浅不宜深，以免破坏根部。在田间出现杂草时要及时除草，尽量人工除草，不使用化学除草剂。

2. 排水灌溉

丹参既不耐旱也不耐涝，土地干旱时要及时浇水，遇到多雨季节及时进行排水，否则积水后容易造成根部腐烂，要做到旱能浇，涝能排。

3. 肥水管理

施肥以基肥为主，若发现田间肥力不足，则适当施加，一般中耕除草后追加肥料。丹参种植一年至少需要施肥 3 次，其施肥时间主要包括：定植后施加肥料，加速植株生长，从源头提升产量；丹参苗生长到 20 cm 后，每年的 4—5 月，加施肥料可为花期提供养分；夏季(7 月)丹参开花期间增施肥料，为后期结果提供养分。丹参施肥最好选择有机肥或农家肥，在促进生长的同时，还可提升丹参的药性。

4. 除草摘花

丹参本身的长势较慢，在种植阶段需要定期松土、除草，增强田间土壤的通透性，促进丹参生长，提升植株的抗病菌能力。花期需要将部分花朵摘除，减少养分消耗，提高产量和品质。

(四)病虫害防治

1. 根腐病

根腐病是一种镰刀菌引起的根部病害。5—11 月发生，高温多雨季节发病严重。被害根先发生湿烂，外皮变黑，逐渐发展到全部根发黑，地上部分植株枯萎。

防治方法：注意雨季及时排水；发病期用 50%多菌灵可湿性粉剂 800 倍液浇灌。

2. 叶斑病

叶斑病属于一种细菌性病害，丹参发病后叶片可见圆形、不规则深褐色病斑，严重时清晰可见病变斑块汇聚，导致叶片全部枯死，一般 5 月发病，病程会延续到秋季末、冬季初。

防治方法：发现病叶及时摘除并清出田外，改善通风条件，注意田间排水，避免田间湿度过高，冬季清理种植园区，将感病植株残枝全部清除，发病前期喷 10%苯醚·甲环唑颗粒剂1 000 倍液或 80%代森锰锌可湿性粉剂 800 倍液防治。

3. 根结线虫病

根结线虫会寄生在植物根须上，使根部长出很多瘤状物，导致植株生长缓慢，发育不良，最后可能导致全株死亡。

防治方法：可用 1.8%阿维菌素乳油 3 000 倍液灌根，或加入 1/3 量的 0.3%苦参碱，每株 300～400 mL，每周灌 1 次，连灌 2 次。

4. 地下害虫(蛴螬、金针虫)。

地下害虫食害种子、幼芽、根茎，造成缺苗，甚至毁种，导致农作物减产。

防治方法：种植前施用充分腐熟的有机肥。幼虫发生期用 40%辛硫磷乳油 1 000～1 500 倍液，每亩用药液 500 kg 浇灌，或用 90%晶体敌百虫或 50%辛硫磷乳油 20～50 g/亩加适量水，拌炒熟的麸皮等饵料 2～5 kg 于傍晚时撒于田间诱杀幼虫。

四、采收与加工技术

(一)采收

丹参的药用价值与采收季节有密切关系，一般在种植当年 11 月上旬立冬后采收。若丹参作为种子育苗，则在第二年秋天地上部分枯萎之后进行采收。

(二)加工

在地上部分枯萎后，选择晴朗的天气进行采收，尽量保证根部的完整，去掉茎叶和须根，放至原地稍微晾晒后，包装运回，储运过程中防止挤压。丹参不可水洗，晾晒过程中防止雨淋，当晾晒至六七成干时，整理成小把，继续晾晒至八九成干后收拢，晒至全干时即成成品。

(三)产品质量标准

丹参以条粗、色紫红、无须根、杂质少者为佳。

半 夏

一、概述

半夏又名麻芋头、老鹳眼、三步跳、野芋头等。半夏的入药部位为天南星科多年生草本植物半夏的干燥块茎，有燥湿化痰、降逆止呕、消痞散结等功效。主治湿痰阻塞、痰饮咳嗽、胸部胀满等症。半夏有毒，被国家定为28种毒性中药材之一。生半夏毒性最大，次为法半夏，再次为清半夏，姜半夏最小。半夏炮制方法不同，中药用途亦不同。生半夏外用治痈肿痰咳，法半夏偏于祛寒痰，清半夏常用于燥湿化痰，姜半夏多用于降逆止呕。半夏主产于四川、湖北、安徽、浙江、山东、江西等省，全国各地均有栽培，江西主要在赣州、景德镇乐平、南昌进贤等地有栽培。

二、形态特征及生物学特性

（一）植物形态

多年生草本，高 15～25 cm。块茎圆球形，直径 1～2 cm。叶从块茎顶生出，幼时单叶，卵状心形，2～3 年生具 3 小叶；叶柄长 6～20 cm。下部或顶端内侧生白色或紫色卵形珠芽，小叶椭圆形或卵状披针形，中间小叶较大，长 3～10 cm，宽 2～4 cm，全缘或浅波状花单性异株；肉穗花序顶生，花序梗长于叶柄，佛焰苞绿色或带紫色晕，管状圆柱形，长 6～7 cm。顶端附属器长而尖，淡紫色，长 6～10 cm，伸出佛焰苞外；雄花生于肉穗花序上部，无花被，雄蕊 2 枚，花丝短；雌花生于肉穗花序下部，两性花相距 5～8 mm，雌花贴生于佛焰苞上，子房卵球形，花柱明显。浆果卵状椭圆形卵圆形，长约 5 mm，熟时红色。花期 5—7 月。果期 8—9 月。

（二）生物学特性

半夏原野生于湿润的河边、沟旁、灌木丛和山坡林下，在土质疏松、排水良好的砂壤土中生长较好。栽培种喜温和、湿润气候和半荫蔽的环境，怕高温、干旱及强光照射，若夏季缺水干旱则 1 年内可倒苗 1～3 次。半夏于气温 8～10 ℃幼芽萌动，14 ℃开始出苗，随着叶柄的生长出现珠芽。15～26 ℃是最适生长温度，30 ℃以上生长缓慢，超过 35 ℃停止生长，此时若缺水则倒苗严重。应适当遮阴，对减少水分消耗、降低地温、缓和旱情、减少倒苗具有较好作用。

三、栽培及管理技术

(一)种苗繁殖

半夏有种子、珠芽、块茎三种繁殖方法。但其种子量少,生产周期长,在实际生产中一般采用珠芽和块茎繁殖。

1. 种子繁殖

夏秋果实成熟时采下,剥出种子,夏季可随采随种。在整好的地内,按行距 10 cm 开 2～3 cm 深的沟,将种子撒入沟内,耧平,保持土壤湿润,7～10 天可出苗。秋季采种后应先用湿沙土贮藏,待翌年 3 月下旬按上述方法播种,种后可覆盖地膜,苗出齐后揭去地膜。当年长出一个卵状心形单叶,如加强肥水管理,块茎直径可达 0.3～0.7 cm;第二年个别植株出现三小叶复叶,能长出直径 1～3 cm 的块茎。

2. 珠芽繁殖

珠芽在叶柄上形成,因栽种的深浅不同,有的生在地下,有的则生在地上。在地下形成的个大,一般直径在 1～1.5 cm,而地上形成的直径一般为 0.4～0.7 cm。大田生产上一般不单独采收珠芽进行再种,而是在珠芽出现后采用培土的方法使珠芽小块茎生根发芽,形成新植株,这样不但省工,而且出苗早,利于植株生长。当年可长成直径 1～3 cm 的块茎,这也是增产的措施之一。

3. 块茎繁殖

大田栽培的主要采用块茎繁殖法,块茎增重多,产量高。

(二)栽植技术

1. 选地整地

半夏为草本须根植物,根深一般不超过 20 cm,故宜选肥沃、含有机质多、偏酸性、土质疏松、有良好的排水条件和灌溉条件的砂壤土或黏壤土栽种。山区应选山的半阴面坡地。前茬以豆科、禾本科作物为好。重黏土地易板结不利块茎生长,盐碱地块极易死苗,涝洼地块易积水烂块茎,均不宜栽种。

半夏喜肥,富含有机质的地块产量高,故宜多施有机肥。一般地块亩施有机肥 2 000 kg、腐熟饼肥 100 kg、过磷酸钙 50 kg、生物钾肥 2 kg。冬天应在作物收获后立即施肥耕地做畦,尽可能在封冻前进行冬耕,以促进土壤风化,增加肥力。第二年春解冻后,进行施肥浅耕,耙细整平,做成 85～110 cm 宽平畦,畦埂 35～40 cm 宽。偏碱性地不宜使用氯化钾、氯化铵、碳酸氢铵等化肥,否则易发生倒苗和烂母块茎。为预防春旱,封冻前应先灌足水,待墒情适宜时冬耕,这样翌年春种前一般不用浇水,有利于早春地温的上升,促使半夏早出苗。

2. 栽种时间

长江以南地区可在秋末随刨随种，春栽宜早不宜迟，一般在惊蛰至春分下种，过早栽种，温度低，起不到早栽作用；过晚虽然出苗快，但生长期相对缩短，影响产量。

3. 栽种方法

栽种前 10～15 天，将选好的种用 5%的草木灰液或 50%的多菌灵可湿性粉剂 1 000 倍液浸种 2 h，捞出晾干表面水分，放在蔬菜大棚内或室内催芽，待种芽鞘萌动时即可栽至大田。在整好的畦内，将催芽的种，按其不同大小直径所需要的行距和覆土深度开栽种沟，每畦按行距 20 cm 开 4～5 沟，沟底要平，按株距 3～4 cm 将块茎交叉放入沟内，每沟放 2 行，芽头向上，先用土拌生物钾肥撒在种栽上，再按不同种的要求深度，一般栽种深度是块茎种栽直径的 2～3 倍为最好。覆土一般为 5 cm 左右，小种 4 cm，轻踏一遍即可。栽种沟应开得稍深，以低于两边 2 cm 左右为宜，使覆土后仍保留呈浅沟状，这样既预防出芽顶膜，又使对第二代珠芽培土简便易行。种完一畦后，立即盖地膜。盖地膜时，先将一头用土压实，再顺畦撑紧地膜，最后压好两边即可。种一畦、盖一畦。盖地膜既增温，又保墒，能提前出苗约 25 天。应根据耕作制度与肥水条件安排间作，间作物尽量早种，使其半夏需要遮阴时正好长高，不需遮阴时恰好成熟。

（三）田间管理

1. 中耕除草

半夏为浅根植物，植株矮小，中耕时以划破地皮为宜。可用中药材除草机松土、除草。

2. 水肥管理

半夏增产的关键是加强水肥管理。除施足底肥外，生长期可追肥 2～3 次。倒苗后若地旱可及时浇水，利于出苗。苗正常生长时追施复合肥，每亩用 20～25 kg，注意不要沾在叶面上。间作的玉米按常规管理，不能喷玉米除草剂。夏季雨水过多时要注意排水，畦内不要长时间积水。雨后要及时喷杀菌剂如多菌灵、恶霉灵或络氨铜等。

3. 剪除花葶

于 5 月有花葶时剪除，使养分集中在地下块茎，有利于增产。在半夏生长后期，每 10 天根外喷施叶面肥 1 次，有一定的增产效果。

4. 雨季管理

如果秋季阴雨连绵，土壤湿度过大，已成熟的块茎很易腐烂，不及时刨收会造成严重减产甚至绝产。遇此种情况，不管是否到收获季节，均应及时采挖，可收大留小，大的加工成商品，小的留在地中使其自然生根发芽，待秋后再收。

（四）病虫害防治

1. 叶斑病

初夏发生。病叶上出现紫褐色斑点，后期病斑上生有许多小黑点，发病严重时，病斑布满全叶，使叶片卷曲焦枯而死。

防治方法：喷施1∶1∶120波尔多液或65%的代森锌可湿性粉剂500～700倍液，每7～10天喷施1次，连续喷施2～3次。

2. 病毒病

多发生在夏季。感病叶卷缩扭曲，或形成花叶畸形，植株生长矮小。

防治方法：选育抗病品种；发病后将植株拔掉，病穴用石灰水消毒；及时防治蚜虫，常用药剂为10%吡虫啉可湿性粉剂2 000倍液喷雾。发病后可喷50 mg/kg的农用链霉素溶液防治。

3. 根腐病

主要为害地下块茎，造成腐烂，随即地上部分枯黄倒苗死亡。

防治方法：种前和重茬剂一起搅拌再播种，可有效控制烂种。选地势高燥的坡地种植，疏松土壤，实行轮作；雨后注意排水，防止积水。发病初期用40%苯醚·甲环唑悬浮剂4 000倍液、75%百菌清可湿性粉剂800倍液或50%甲基托布津乳油1 000倍液浇灌病株；发病后喷施3～4次50%多菌灵可湿性粉剂、30%恶霉灵水剂等防治；杀菌剂宜轮换使用，可用无人机喷药。

4. 猝倒病（烫叶病）

在高温雨季、高湿的环境条件下最易发生，特别是在通风透光较差时更易发生。发病时叶片好像开水烫过一样，呈半透明，下垂，相互黏在一起。发病急、传染快，一经发病很快蔓延。

防治方法：以预防为主，选择半夏种植地时应选择前茬没有发生过猝倒病的地块，种植地选好后要及时秋耕晒垡，施用腐熟的有机肥。雨季和高温季节应注意田间排水。高温雨后，用75%百菌清可湿性粉剂800倍液喷雾防治，每隔7～10天喷1次，连喷2～3次，注意喷药均匀细致，不重喷、不漏喷。也可用77.2%霜霉威盐酸盐水剂5～8 mL/m^2，播种前或移栽前7天或发病初期苗床浇灌，防治效果良好。

5. 红天蛾

夏季发生，以幼虫咬食叶片，食量很大，发生严重时，可将叶面食光。

防治方法：秋季翻耕，消灭越冬虫源。用黑光灯诱杀成虫，可减少发生量。在卵盛期至2龄幼虫期用Bt制剂、青虫菌粉等生物农药连续喷2次，每次间隔10天；大发生时，也可使用2.5%溴氰菊酯乳油400～500倍液、50%辛硫磷乳油1 000倍液或2.5%敌百虫粉等药剂，防效明显，要求喷雾均匀周到，田间地头、路边的杂草都要喷到。

四、采收与加工技术

（一）采收

霜降前，当叶片发黄，即是半夏的适宜采收季节。过早采收会影响产量，过晚采收难以去皮抗晒。半夏采收可专用采收机采挖或人工采挖，亩产鲜品500～600 kg。

（二）加工

将收获的鲜半夏过筛分级。小块茎留作繁殖秧苗，大块茎用于加工商品药材。用半夏专用去皮机脱皮，去皮后晒干或烘干即可出售。

（三）产品质量标准

半夏以身干、去净外皮、色白、质坚实、粉性足、圆形或类圆形者为佳。

天门冬

一、概述

天门冬又名天冬，为百合科多年生草本植物，其块根具有滋阴降火、润燥生津、养肺止咳等功效，可治疗阴虚发热、消渴、虚劳咳嗽等症。主产于长江以南各地，以云南、贵州、广西、广东等地最为丰富，江西樟树有栽培。

二、形态特征及生物学特性

天门冬为多年生植物，半蔓生草本，叶丛状扁形似松针，花多白色，花期 6—8 月。天门冬喜温暖，不耐严寒，忌高温。在夏季凉爽、冬季温暖、年平均气温 18～20 ℃的地区最适宜生长。幼苗在强光照条件下，生长不良，叶色变黄甚至枯苗。天门冬块根发达，适宜在土层深厚、疏松肥沃、湿润且排水良好的砂壤土或腐殖质丰富的土壤中生长。

三、栽培与管理技术

(一)种苗繁殖

分为种子繁殖和分株繁殖两种。

1. 种子繁殖

选择 30%左右荫蔽度的树下育苗，或者先育苗再搭荫棚。苗圃地要深耕一遍，每亩施有机腐熟肥 1 000～2 000 kg，开沟做畦，畦面宽 80～100 cm。秋季采收种子后，洗净果肉，进行条播。按株行距 6 cm×17 cm，先在畦面上横开 3 cm 浅沟，将种子播于沟内，盖上土杂肥混草木灰，再盖少许细土及薄草，浇水保持湿润。齐苗后，定期除草、松土、施肥。幼苗经过一年培育，便可移植大田。

2. 分株繁殖

冬、春两季均可进行，但以冬种产量高。冬植适应期为冬至前后，春植适应期立春至惊蛰。分株方法是：将采挖回来的天门冬，把大部分根块剪下加工药用，每条保留 2～3 个芽头，并带 3 条天门冬根块以维持一定养分。

(二)栽植技术

选择土质湿润、疏松、肥沃和排灌方便的沙质土壤种植。栽种之前，将选好的种植地深耕

35 cm 以上，使生土充分风化，然后起成 1.0～1.1 m 畦面。按株行距 25 cm×25 cm，挖穴种天门冬 1 株。宜浅种，以刚没过芦头为好，过深则易烂根头致死亡。栽后在植株周围要放置稻草或插树枝遮阴防晒，并浇水保持湿润。初植天门冬，可在畦面两边间种生长周期短的瓜类、豆类等作物，以充分利用土地，增加收入，并可起到为天门冬初期生长遮阴的目的。

（三）田间管理

1. 中耕除草培土

从定植至收获需除草培土 4～5 次，特别在暴雨后要及时培土，以防根块露出地面晒死，或造成根块呈空泡状而减产。

2. 施肥

结合每次除草培土进行。天门冬生长前期，要施稀速效肥 2～3 次。后期宜施有机腐熟肥 2～3 次，每亩施 1 000～2 000 kg，以利于植株越冬，促使植株翌年生长更加旺盛和萌发更多新芽，天门冬植株育成后藤蔓丛生，根块肥大且多，产量高。

3. 排灌水

冬季种植，气候较为干旱，植后要注意灌溉，保持畦面湿润，以利于藤旺增产。

（四）病虫害防治

天门冬病虫害较少，主要有根块腐烂病。其病状是：先从 1 条根块的尾端烂起，逐渐向根头部发展，最后整条根块内呈浆糊状，发病 1 个多月后，整条根块变成黑色空泡状。此病多是由于土质过于潮湿（积水）或被地下虫害咬伤，或培土施肥碰伤所致。防治方法：做好排水工作，在病株周围撒生石灰粉。另外，蚜虫会为害嫩藤及芽芯，使整株藤蔓萎缩。在蚜虫为害初期，可用 50%甲基托布津乳油 1 000 倍液或 70%灭蚜松可湿性粉剂 1 000～1 500 倍液防治蚜虫。对于虫害严重的植株，可割除其全部藤蔓并施下肥料，20 天左右便可发出新芽藤。

四、采收与加工技术

（一）采收

在初冬或初春采挖。用种子繁殖的天门冬，要经过 3 年以上的时间方可采挖；用根头繁殖的天门冬，生长快速，植后 1 年便可采挖，天门冬生长的时间越长，其产量就越高。多生长 1 年可增产 32%～38%，其中大根块增长最为明显，可增产 40%左右，且加工后的质量亦好。采挖时，将藤割去，挖出全株根块，去掉泥沙，剪去须根，剪下药用根块，剩余的根头及留下的部分小根块，供分株栽种。可随挖随种，或用湿沙埋藏待种。

（二）加工

将剪下的根块洗净泥沙，剪去须根。用石灰 250 g、白矾 100 g 加水 50 kg 煮滚，再放入 50 kg 鲜天门冬，煮 3 滚（中间翻两次），再焗 20 min，至透心皮裂时捞出，倒进清水中，剥去皮、沥干水后，晒干或用微火烘干，便为成品。成品以身干、条块肥大、色黄白、有糖质、油润半透明、质坚稍脆者为佳品。

（三）产品质量标准

水分不超过 16.0%，总灰分不超过 5.0%。二氧化硫残留量不得超过 400 mg/kg。

温郁金

一、概述

温郁金为姜科姜黄属多年生草本植物。其块根、根茎供药用,其中块根煮熟晒干称"温郁金",性寒,味辛、苦,有行气解郁、活血化瘀、清心凉血、利胆退黄、止痛之功效,用于治疗气滞血瘀痛证、癫痫痰闭、肝胆湿热、黄疸、吐血、妇女倒经、尿血、血淋等症;主根茎煮熟晒干称"温莪术",性温,味苦、辛,能行气破血、消积止痛,用于治疗症瘕积聚、闭经、产后瘀痛及食积气滞之证;侧根茎鲜切厚片晒干称"片姜黄",味辛、苦,性温,能破血行气,通经止痛,用于治疗胸胁刺痛,闭经,症瘕、风湿肩臂疼痛、跌、扑肿痛。温郁金为亚热带植物,主要分布于浙江、四川、台湾、江西等地,江西新余、吉安等地有栽培。

二、形态特征及生物学特性

温郁金为多年生草本植物,株高约 1 m,花期 4—5 月。适应在阳光充足、温暖湿润的环境中生长。耐旱抗涝,但怕霜冻。年生长周期 250 天左右。

三、栽培及管理技术

(一)繁殖技术

温郁金主要采用地下根茎进行繁殖。

1. 种植时间

一般在清明前后选择上年留种(无病虫害)的种茎进行栽种。最迟不得晚于 4 月 20 日。适时下种可提高温郁金的产量和药用质量,太迟下种将缩短生长期,降低产量与品质。

2. 种植密度、深度

按单行株距 35～40 cm、越沟行距 100～120 cm 穴植。下种切忌过深,穴径 10～15 cm,穴深 6～9 cm 为好。种植过深,块根采收费工且不易收净。

3. 种植方式

采用穴栽,每穴倾斜放种茎 1 个(小个种茎可栽种 2～3 个),芽朝上,覆土 3～6 cm。下种后 40～50 天开始出苗。

(二)选地与整地

1. 选地

选择阳光充足、土壤湿润、排灌方便、肥沃疏松、周边无污染的沿江平原、河坝滩地及丘陵缓坡地带的冲积土或砂壤土为好，选中性或微酸性土壤，pH 在 5～8。

2. 整地

选好的地段应在冬季进行深翻耕，翻耕的土壤经过冬季风化，有利于病虫害的减少和土壤肥力的提高。种前(3 月底至 4 月初)将土地深翻 20～25 cm，耙细。温郁金吸肥力强，需肥量多，要施足基肥。每亩施有机肥 1 000～2 000 kg 或复合肥 60～70 kg 作基肥，翻入土中，使下层紧密，表土疏松，避免块根入土过深，以便收获。单行种植，畦基部宽 90～100 cm，高 20～30 cm，畦面渐狭至宽 30～35 cm，畦面平整，沟底平直，有利于排水。

(三)田间管理

1. 中耕除草

在出苗之前，应进行全面除草，常年松土除草 3～4 次，结合施肥。齐苗后及时培土，同时进行除草，有利于温郁金根系生长、培土同时铲除草。在苗齐后全面松土除草 1 次，以后每隔半个月中耕培土 1 次，由于温郁金栽种不深，而且根茎横走，中耕要注意渐浅防止伤及根茎，只浅锄表土 3～4 cm。植株封行后停止中耕。松土除草后必须疏通排水沟。

2. 肥水管理

温郁金是一种喜肥植物。在施足基肥的前提下，宜进行多次追肥：第一次追肥宜在 5 月下旬至 6 月上旬齐苗时，每亩可施有机肥等 1 500 kg，尿素 5 kg，并清沟培土 7 cm；第二次于 7 月下旬，每亩追施尿素 20 kg，过磷酸钙 25 kg；第三次于 8 月底，每亩施尿素 15 kg，草木灰 100～150 kg，施后清沟培土 7～10 cm。温郁金生长期短，需要追施充足的速效肥料，才能提高产量。但应适当控制氮肥用量，否则茎叶徒长，块根少。块根的生长和充实，主要在秋分以后，故最后一次追肥以处暑前后为宜，不要迟过秋分。

温郁金属于喜湿怕渍水的旱地药材。生长期内一般宜湿润，特别在 7—9 月生长旺盛期，需要较多水分。如遇干旱天气，应在清晨或傍晚灌水，保持土壤一定的水分，防止温郁金枯死，降低产量。在雨季要及时清理田间沟渠，确保旱能灌、涝能排、旱涝保收。大雨过后，应及时排出积水，连续阴雨天气，为了防止块茎腐烂，要开沟降渍，适时排干沟渠水，降低地下水位。10 月以后一般不再灌水，以保持田间相对干燥，便于收获。

(四)病虫害防治

温郁金在多年的种植过程中少见病害，主要有叶斑病、根腐病。发病期主要在 6—8 月。宜采用综合措施进行防治。

1. 叶斑病

叶斑病主要为害叶片。防治方法:清除病叶并烧毁;喷施 70%甲基托布津可湿性粉剂 1 500 倍液或 50%多菌灵可湿性粉剂 1 500 倍液,隔 10 天喷 1 次,共喷施 2 次,可基本控制病害。

2. 根腐病

根腐病多发生在 6—7 月或 12 月至次年 1 月。发病初期侧根呈水渍状,后黑褐腐烂,并向上蔓延导致地上部分发黄,最后全株枯死。防治方法:首先加强排水;再者发病时将病株挖起,病穴撒上生石灰消毒;发病期灌浇 50%多菌灵可湿性粉剂 1 000 倍液。

3. 根结线虫病

多发于 7—11 月,为害根部。防治方法:选用抗病品种,加强田间管理,增施磷钾肥;实行水旱轮作,不与茄子等蔬菜间作。

4. 虫害防治方法

温郁金主要虫害有姜弄蝶、蛴螬、地老虎。

(1)农业防治。轮作倒茬,不宜连作,可与禾本科、豆科、十字花科作物轮作。整地时清除枯枝落叶,合理种植,进行科学的田间管理。在满足温郁金生长需求的水分的前提下,保持土壤干燥,防止土壤湿度过大滋生根病及虫害。

(2)生物防治。保护和利用天敌的同时,可使用多抗霉素、农抗 120 等生物农药防治病虫害。

(3)物理防治。整地时发现蛴螬、地老虎,应及时灭杀;夜间使用灯光诱杀姜弄蝶和金龟子成虫。

(4)化学防治。选用适宜的药剂是防治的关键,提倡交替用药;宜选一药多治、病虫兼治的防治方法;不应 3 种以上药剂同时施用或同种药剂连续使用超过 2 次。具体方法:在姜弄蝶害虫发生期(4—9 月),喷施 90%晶体敌百虫 600 倍液或 2.5%敌杀死乳油 5 000 倍液,每隔 10 天喷施 1 次,共喷施 2 次,可基本控制虫害;在蛴螬发生期(4—9 月)可浇灌 48%乐斯本乳油 1 000～1 500 倍液进行防治,每隔 15 天浇灌 1 次,浇灌 2 次可基本控制;地老虎害虫发生在 4—12 月,用 50%辛硫磷乳油 1 000 倍液或 48%乐斯本乳油 1 500 倍液浇灌防治,每隔 10 天浇灌 1 次,浇灌 2 次可基本控制。

四、采收与加工技术

(一)采收

收获过早,块根不充实,折干率低,影响产量和品质。收获过迟,温郁金水分增多,挖时须根易断,费工大;挖后干燥也较困难,加工时容易起泡。

温郁金一般在 12 月中、下旬采收。采收方法:植株茎叶完全枯萎后,选晴天干燥时,先将地上叶苗割去,用锄头或齿耙将地下部全部挖起,抖去泥土,摘下块根,摘时略带根须,否则加工时容易腐烂。因块根入土较深,而且散布在土层内,故收挖工作要细致,尽量不挖断须根,并勤加翻捡,不使块根遗留土中,以免浪费。块根和根茎分开堆放。

（二）留种

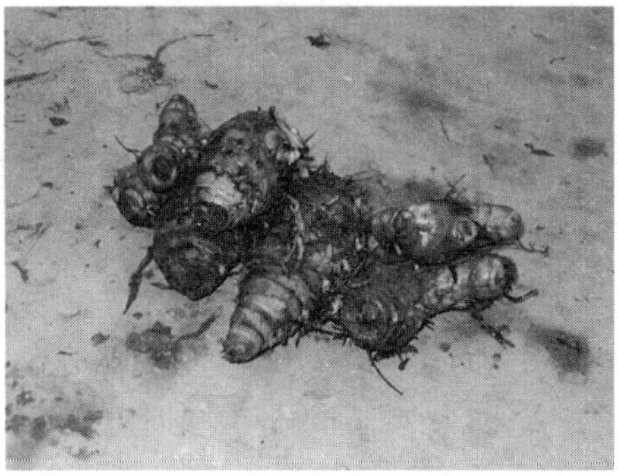

温郁金采用根茎繁殖，产区习惯把其根茎分成老头、大头、二头、三头、奶头和小头6类。老头即母种第1次生出来的根茎，大头是生在老头上的根茎，二头是生长在大头上的根茎，三头是生长于二头上的根茎，奶头、小头以此类推。留种考虑经济成本因素，一般选健壮且芽饱满、形粗短的二头、三头作种，根茎越短越好。

1. 选种

选当年生长健壮、无病虫害、无伤疤的母株留种。在冬至前后挖起，选择强壮二头或三头根茎留种。

2. 种茎贮藏

选好的种茎应去掉须根，平铺在通风的泥地上，高30～35 cm，下垫黄沙，上铺摘下的细须根，再密覆泥沙，或在向阳、干燥的土地上将留种的种茎堆于其上，高70～100 cm，上盖稻草或温郁金茎叶，防止阳光照射。气温低于5 ℃的天数连续超过1周时，要用泥土封盖或塑料布封盖或竹席覆盖，保暖防冻。也可抖去附土稍晾干后立即下窖贮藏，在贮藏过程中可酌情翻堆1～2次，以避免温度过高或提前发芽。待翌年春分开始发芽，剔除有病的种茎于清明前后下种。

3. 注意事项

留种用的块茎切勿受霜冻，以免在贮藏时发生腐变。所以在采挖时最好当天采挖当天收，避免过夜受霜冻。

（三）加工

采收的块根和根茎，除去杂质，剪去须根，洗净土，按不同药用部位进行加工。

1. 温郁金

将鲜块根放锅内加适量清水或已煮过的原汁煮2 h以上，拣较大的一颗折断，用指甲掐其内心无响音，或粉质略为熟透，滤去水后摊放竹帘上；或用蒸笼蒸煮1.5 h左右，用手捏块根，无响声且不出水，闻之无生气，即可拿出，摊放于篾席（晒垫）上晾晒，晒几天后堆起来发汗，再晒，再发汗，如此反复，直至晒干。

若遇阴雨天，将块根用草木灰混拌，每100 kg加草木灰10 kg，可使块根不发黏、不出水、不霉烂且可加速干燥。干燥过程中要经常翻动。如数量大而又有腐烂情况时，可用火烘烤，避免损失，但烤干的外皮皱缩较大，香气较淡，品质较差。

注意：蒸煮时不宜过生或过熟，一般蒸至八或九成熟即可；蒸或煮好后需及时干燥，干燥时只可晒干而不可烘干，以免起泡而影响质量；翻堆时勿使其皮层破损，影响药品规格。

2. 温莪术

将鲜主根茎煮沸后再煮2 h左右可熟透（竹筷轻戳能穿过者为已熟），取出摊放竹帘上晒干。煮后滤出液仍可在煮第 2 锅时使用。

3.片姜黄

将鲜侧生根茎纵切厚片（厚约 0.7 cm）晒干，筛去末屑即成。加工时须拣去去年做种的老根茎，其不能入药。

(四)贮藏

温郁金、温莪术、片姜黄应分开包装、贮藏。本品易虫蛀，应置通风干燥处贮藏，安全贮存水分范围为 11%～14%，相对湿度为 75%～78%。

金樱子

一、概述

金樱子，又名白玉带、刺榆子、金壶瓶、下山虎、糖罐子、三叶勒等，为蔷薇科植物金樱子的干燥成熟果实。具有固精缩尿、固崩止带、涩肠止泻的功效。常用于遗精滑精、遗尿尿频、崩漏带下、久泻久痢。主产于陕西、安徽、江西、江苏、浙江、湖北、湖南、广东、广西等地。江西主要在宜春、抚州等地有栽培。

蔷薇科约有 124 属 3 300 余种，分布于全世界，北温带较多。我国约有 51 属 1 000 余种，产于全国各地。金樱子以野生居多，还没有成熟的人工培育品种。

二、形态特征及生物学特性

金樱子为蔷薇科常绿攀缘灌木，高达 5 m。茎红褐色，有倒钩状皮刺。三出复叶互生；小叶革质，椭圆状或卵圆形至卵圆状披针形，侧生小叶较小，叶柄和小叶下面中脉上无刺或有疏刺；叶柄长 1～2 cm，有褐色腺点细刺；托叶中部以下与叶柄合生，其分离部线状披针形。花单生于侧枝顶端，直径 5～8 cm；花梗粗壮，长达 3 cm，有直刺；花托膨大，有细刺；萼片 5，卵状披针形，有些顶端扩大成腋状，被腺毛；花瓣 5；雄蕊多数，花药"丁"字形着生；雌蕊具多数心皮，离生，被茸毛，花柱线形，柱头圆形。成熟花托红色，球形或倒卵形，有直刺，顶端有长宿存萼，内含骨质果多颗。

金樱子植物喜温暖湿润的气候和阳光充足的环境。适应性强，对土壤要求不严，能在较干旱和瘠薄土壤上生长，以土层深厚、肥沃、排水良好的砂壤土为好，在中性和微酸性土壤上生长最好。多野生于荒废山野多石的阳坡灌木丛中。

金樱子植物为浅根系，主根不发达，侧根和须根较多，根系多分布在 10～30 cm 的土壤中。植株于 2 月下旬枝芽萌动，3 月上旬展叶，4 月上旬现蕾，4 月下旬至 5 月上旬开花，花期较长，10 月中旬果实成熟。4 年生实生苗植株进入盛果期，理论上经济寿命为 15～20 年。

三、栽培及管理技术

(一)种苗繁殖

金樱子分为扦插繁殖和种子繁殖两种方式。

1. 扦插繁殖

在春季幼芽萌动前，到野外采集插穗。选择健壮的母株，剪取1～2年生发育充实、茎粗在0.4～0.8 cm、完全木质化、无病虫害的硬枝，用苔藓保湿，装入竹篓中带回；挑选生长旺盛、无病虫害的枝条，剪成带3个芽节的插穗，上剪口平齐，与顶端芽相距0.5 cm，下剪口成斜面，在近节下0.2 cm处。插穗长12～15 cm，仅在顶部留1枚复叶(含3片小叶片)，并将留下的叶片各剪去1/3。在扦插前，将插穗基部浸入500 mg/L的萘乙酸溶液中3～5 s，晾干后扦插。在整好的洁净河沙质土苗床上，按行、株距30 cm×8 cm划线打点。扦插时，先用1根与插穗相近粗细的小木棒在点上扎孔，再将插穗的2/3长度斜插于孔内，要求有1个芽节露出畦面，复叶方向一致，避免重叠。压紧，浇水，经常保持湿润，最适宜温度为20～25 ℃，适宜空气湿度为80%～90%，用双层遮阳网遮阳。经25天左右即可生根发芽。成活后，按常规育苗方法进行肥水管理和防治病虫害。第2年，苗高50～80 cm时出圃定植。

2. 种子繁殖

10—12月种子成熟时，采摘果实，剥取种子(每枚果实含种子30～50粒)，用水洗净晾干，将种子与3倍体积清洁湿沙混合贮藏，第2年3—4月气温升至20 ℃以上时播种。金樱子种子呈不规则三角状长卵形，淡黄至黄褐色。精选后的种子出苗率可达85%～90%。在整好的苗床上，按行距20～25 cm开横沟，深1.5 cm，然后将种子拌草木灰均匀地撒入沟内，覆土与畦面齐平。播后床面盖草，浇水保湿，20天左右可出苗。种子萌发时，两片子叶破土而出，5天后长出初生叶，15天苗高8 cm左右。每亩用种约3 kg。出苗后，揭除盖草，畦面插树枝遮阳。出苗后注意管理，一般苗期每年锄草3～4次，追肥2～3次，培育1～2年。苗高80 cm时，即可出圃定植。

(二)栽植技术

栽植地，可选择低山向阳的缓坡地、丘陵地或平地。春季2—3月，选阴雨天，按株行距70 cm×150 cm开穴，穴径和穴深均为50 cm。每穴施入厩肥或土杂肥5 kg，与底土拌匀，覆盖10 cm厚细土。每穴栽壮苗1株。栽后覆土，浇足定根水。

(三)田间管理

中耕除草定植后1～3年，每年春、夏、秋季各中耕除草1次，第4年植株封行后，不再进行中耕除草。多雨季节要注意排水。

追肥一般结合中耕除草进行，每年春、夏季于行间开沟，施入适量有机肥，再盖土；秋季于根际周围开环状沟，施加入过磷酸钙的腐熟有机肥，施后培土。

修剪定植后，每年冬季要剪除枯枝、重叠枝、病虫枝和徒长枝。对生长强健的长枝，要进行短截修剪。株高1 m左右时，适当剪顶。

(四)病虫害及其防治

金樱子是一种常见的野生植物，由于其保健功效的开发，它的市场需求急剧上升，很多人开始种植。它作为野生植物时，生命力强，很少有病虫害，但是人工栽培时却常有病虫害为害，以下是金樱子常见病虫害及防治方法。

1. 白粉病

叶柄、叶片、嫩梢以及花蕾都可发病，成叶发病时叶片上出现不规则的白粉状病斑，病叶从叶间开始逐渐变褐，最后导致叶片干枯脱落。嫩叶发病时，会出现褪绿色的病斑，并逐渐蔓延，出现白色的粉斑，后会覆盖全叶。

防治方法：选择抗病性强的品种，冬季注意修剪，剪除病虫枝，加强田间管理，清洁田园，秋冬季清理地面落叶、残叶用于沤制堆肥。增施磷钾肥，提高植株抗病力。发病时喷洒 60%多菌灵可湿性粉剂 500 倍液、70%甲基硫菌灵可湿性粉剂 1 000 倍液、50%苯菌灵可湿性粉剂 1 500 倍液，间隔 10～15 天喷 1 次，连喷 2 次。可用 1%～2%硫酸钾或 5%多硫化钡喷叶背，能抑制病害蔓延。对上述杀菌剂产生抗药性的地区，可改用 40% 氟硅唑乳油 8 000 倍液。冬季用 4～5 波美度石硫合剂或 50%硫黄胶悬剂 500 倍液喷树干、枝条。

2. 黑斑病

此病主要为害叶片、叶柄以及嫩梢，叶片发病时，会出现紫褐色的小斑点，逐渐扩大成圆形或不规则形的黑色病斑，导致叶片枯萎。

防治方法：注意田间湿度，雨后及时排水，修剪密枝，增加通透性，发病时喷洒 50%多菌灵可湿性粉剂 500 倍液、68.75%噁唑菌酮＋代森锰锌水分散粒剂 45～75 g/亩、50%甲基托布津乳油 1 000 倍液等药物防治。

3. 炭疽病

主要为害叶柄或嫩梢部位，叶片发病时出现病斑，逐渐向中心扩散，后期病斑还会出现黑色的小粒点。病原菌会在落叶上越冬，在温暖高湿的环境萌发，植株通透性较差的易发病。

防治方法：在秋季时彻底清园，收集落叶残枝并集中烧毁，加强田间水肥的管理，不能偏施氮肥，及时排水，适当的修剪，保持良好的通风透光性。播种前用 50%多菌灵可湿性粉剂 600 倍液浸种；出苗后喷洒 1∶1∶100 的波尔多液预防；发病初期用 58%甲霜灵·锰锌可湿性粉剂500 倍液、80%福福锌可湿性粉剂 800 倍液、70%甲基托布津可湿性粉剂 1 500 倍液等，7～10 天 1 次，连喷 2～3 次。

四、采收与加工技术

金樱子一般定植后 2～3 年开始结果。9—11 月当果皮变为黄红色时采收。采回薄摊晒场，晒到半干时，用木板搓擦或放入竹筐中撞去毛刺，经晒干或烘干即成商品。注意保存于通风干燥处，防虫防蛀。

金樱子为花托发育而成的假果，呈倒卵形，长 2～3.5 cm，直径 1～2 cm。表面红黄色或红棕色，有突起的棕色小点，系毛刺脱落后的残基。顶端有盘状花萼残基，中央有黄色柱基，下部渐尖。质硬。切开后，花托壁厚 1～2 mm，内有多数坚硬的小瘦果，内壁及瘦果均有淡黄色茸毛。气微，味甘、微涩。

金银花

一、概述

金银花又名金花、银花、双花、二花、忍冬花，为忍冬科半常绿缠绕灌木，以花蕾和藤入药，药材名分别为金银花和忍冬藤，为常用中药。金银花具有清热解毒、凉散风热功能，用于痈肿疔疮、咽喉肿痛、丹毒、热血毒痢、风热感冒、瘟病发热等症。忍冬藤，具有清热解毒、通经活血等功能，主治湿病发热、关节疼痛、痈肿疮疡、腮腺炎、细菌性痢疾。其除药用外，还是牙膏、饮料、化妆品以及多种中成药的重要原料，如“银翘散”“双黄连”“脉络宁”“金银花茶”“金银花露”等医疗、保健产品，开发潜力巨大。金银花主产于河南、山东，全国大部分地区均有栽培，江西宜春、新余、抚州、吉安等地均有栽培。

二、形态特征及生物学特性

金银花是半常绿藤本，藤长可达 9 m，茎细，多分枝，左缠，中空，幼时密被黄褐色柔毛和腺毛。嫩株绿色，老株暗红色，单叶对生，叶片卵形至长卵形，全缘，嫩叶有短柔毛。花成对腋生，故又名“二花”“双花”，苞片叶状；花冠稍成二唇形，管部和瓣部近相等，花柱和雄蕊长于花冠，花有清香，初开时白色，后变为黄色，故又名“金银花”。浆果球形，成熟时黑色，种子 4～7 粒。花期 5—10 月；果期 7—10 月。

金银花喜温暖湿润的气候，适应性强，耐寒、耐热、耐旱，生长适温在 20～30 ℃。对土壤要求不严，酸性、盐碱地均能生长。在疏松、肥沃、土层深厚的土壤种植，根系发达，生长良好，产量较高。

金银花定植 2 年就会开花，5 年后花的产量增长最快，8～10 年进入盛花龄，20 年后植株生长衰退，开花减少，要进行更新。种子有休眠特性，属低温生理后熟型种子，必须持续在低温 5 ℃条件下 2 个月，才能解除休眠而萌发。

三、栽培与管理技术

(一)种苗繁殖与栽植技术

金银花以扦插繁殖为主，也可采用分株、压条繁殖。

1. 扦插繁殖

分直接扦插和扦插育苗两种，春、夏、秋季均可进行。选择 1～2 年生的健壮枝条，截成长 30 cm 左右的插条，至少有 3 个节位。然后摘去下部叶片，留上部 2～4 片叶，将下端近节处削成斜面，每 50 根扎成一小捆，用吲哚丁酸（IBA）500 倍液快速浸蘸下端 5～10 s，稍晾干后立即进行扦插。若直接扦插，在整好的栽植地上，按株行距 150 cm×150 cm 或 170 cm×170 cm

挖穴，穴径和深度各 40 cm，每穴施入充分腐熟的厩肥或堆肥 5～10 kg，然后将插条均匀撒开，每穴插入 3～5 根，入土深度为插条的 1/2～2/3，插后填细土压实，浇透水，保持土壤湿润，1 个月左右可生根发芽；若扦插育苗，在整平耙细的插床上，按行距 15～20 cm 划线，每 7～10 cm 插一根插条，压实，浇透水。早春低温时扦插，插床上要搭拱形棚，覆盖薄膜，保温保湿。春季扦插的于当年冬季或翌年春季出圃定植；夏、秋季扦插的于翌年春季出圃定植。

2. 分株繁殖

于 2 月上、中旬茎蔓尚未萌动时进行，从生长茂盛的金银花株丛中挖出一部分植株移栽，株行距与直接扦插的相同。分株繁殖的优点是新植株开花早，生长茂盛，缺点是影响母株花的产量，且繁殖系数低。

3. 压条繁殖

压条繁殖在夏末秋初雨水较多时进行，将生长旺盛的茎蔓压在地上，每 3～4 节压上土(厚约 5 cm)，踏实，20～30 天新根发出后截断茎蔓即可单独成苗。

(二)田间管理

1. 中耕除草

每年中耕除草 3～4 次，第一次在春季金银花萌芽发出新叶时；第二次在 6 月；第三次在 7—8 月；第四次在秋末冬初。金银花栽后第三年，视杂草生长情况，适当减少中耕除草次数。第三年春季解冻后，要进行一次深翻。深翻在金银花行间和株间进行，既可疏松土壤，又可切断表层老根。

2. 追肥

金银花每年早春萌芽后和每次采花后，都应进行一次追肥。春、夏季施用充分腐熟的人畜粪尿或硫酸铵、尿素等氮肥，于金银花墩旁开浅沟施入，施后覆土；冬季每墩施用充分腐熟的厩肥或堆肥 5～10 kg、硫酸铵 100 g、过磷酸钙 200 g，在金银花墩周围开环状沟施入，施后用土盖肥并进行培土。在现蕾时喷施 0.4%～0.8%的磷酸二氢钾，增产效果较好。

3. 灌溉排水

花期若遇干旱天气或雨水过多时，均会造成大量落花、沤花、幼花破裂等现象。因此，要及时做好灌溉和排涝工作。在每茬花蕾采收前，结合施肥浇 1 次促蕾保花水，土壤干旱时要及时浇水，以利于植株新梢生长，可促进多次开花。

4. 整形修剪

通过整形修剪，金银花可从原来缠绕生长变为枝条疏朗均匀、通风透光、主干粗壮直立的伞形灌木花墩。由于金银花当年新生枝条能发育成花枝，通过修剪，能促进多发新枝，多形成花蕾，从而达到增产的目的。

(1)定干。春栽的当年或秋栽的第二年，当枝条长 33 cm 左右时进行定干。主干一般选择直立、粗壮的枝条，在距地面 16～27 cm 处将上端剪掉。然后选留侧枝，在主干上选留分布均匀、互不遮阳的粗壮枝条 3～5 个，将其 2/3 的梢端剪掉。定干后，每墩施用尿素 50 g、过磷酸钙 100 g，并经常进行中耕除草。

(2)冬剪。入冬后进行一次修剪。主要是剪去在主干上长出的枝条，并在主枝上选留少量明年能开花的母枝。因是幼龄植株，主枝上选择 4～5 个健壮的枝条，并在 3～7 cm 处将上端剪去。冬季修剪,只能推迟,不能提前。封冻前施肥一次,并浇好封冻水。

(3)春剪。将主干、主枝中部的芽以及根茎处发出的芽全部摘去,仅留母枝上的芽。因为芽摘去后还会产生,故要进行多次摘芽。

(4)花期剪。保留一定数量能开花的母枝,春季就能产生适量的花枝,花后需及时将梢剪去。二茬花采收后也要进行修剪等管理。

(5)成龄墩修剪。金银花定植后 4 年进入成龄期,5 年后进入盛花期,一年可收 4 茬花。修剪是关键,肥水是保证。金银花成龄墩修剪主要是进行冬季修剪,除掌握去弱留强、去弯取直、去叠要疏等要领外,还要根据水肥条件确定母枝的数量。水肥条件好,母枝数量可适当多留一些,以利于植株夏、秋季开花。修剪是提高金银花产量的关键。

(三)病虫害防治

1. 病害

(1)褐斑病。叶部常见病害,造成植株长势衰弱。多在生长后期发病,8—9 月为发病盛期,在多雨潮湿的条件下发病重。发病初期在叶上形成褐色小点,后扩大成褐色圆病斑或不规则病斑。潮湿条件下,病斑背面生有灰黑色霉状物,发病重时,叶片枯黄脱落。防治方法:发病初期注意剪除病叶,及时清理病株落叶,集中烧毁,减少菌源;合理密植,避免植株生长过于茂盛。发病早期可以用 1∶1∶200 波尔多液喷洒,每 7～10 天 1 次,连续 2～3 次,或用 80%代森锌可湿性粉剂 500～700 倍稀释液,每隔 7 天喷 1 次,连续 2～3 次,有较好的防治效果。

(2)白粉病。在温暖干燥或植株荫蔽的条件下发病重;施氮过多,植株茂密,发病也重。发病初期,叶片上产生白色小点,后逐渐扩大成白色粉斑,继续扩展布满全叶,造成叶片发黄,皱缩变形,最后引起落花、落叶、枝条干枯。防治方法:合理密植,整形修枝,通风透光,合理施肥,以免植株生长过于茂盛;及时清洁田园,处理病残株。发生期用 60%多菌灵可湿性粉剂 500 倍液或 75%百菌清 800 倍液喷雾,7～10 天喷 1 次,连续 2～3 次。

2. 虫害

(1)蚜虫。为害叶片、嫩枝,引起叶片和花蕾卷曲,生长停止,产量锐减。4—6 月虫情较重,立夏前后,特别是阴雨天,蔓延更快。防治方法:蚜虫发生量较小时,可用烟草水防治。烟草水配方:烟草末 40 g 加水 1 kg,浸泡 48 h 后过滤得到原液,使用时加 1 kg 水稀释,再加 2～3 g 洗衣粉,搅拌均匀后喷洒植株,有较好的防治效果。发生量大时可用 10%吡虫啉可湿性粉剂 1 500～2 000 倍液或 1.8%阿维菌素乳油 600 倍液或 70%灭蚜松 1 000～1 500 倍稀释液喷雾。

(2)天牛。5 月份成虫出土,在枝条上端的表皮内产卵,幼虫先在表皮内活动,以后钻入木质部,向基部蛀食,秋后钻到茎基部或根部越冬。植株受害后,逐渐衰老枯萎,乃至死亡。防治方法:冬季清除田间枯萎有虫枝条,人工捕捉幼虫或集中烧毁或沤肥,有效压低越冬基数;发现枝干外挂虫粪时,用尖锐铁丝斜刺 3～5 次,对枝干中为害的天牛幼虫刺杀率很高。对在韧皮部为害尚未进入木质部的幼龄幼虫,可用 50%辛硫磷乳油或 50%杀螟松乳油,加入少量煤油、食盐或醋喷涂枝干;对已蛀入木质部并有排粪孔的大龄幼虫,可用 2.5%溴氰菊酯乳油 400 倍液,然后用棉球蘸取药液,塞入蛀孔内,虫孔用黄泥封闭,毒杀幼虫;成虫羽化期间,可用 2.5%溴氰菊酯乳油 500 倍液喷洒树冠或枝干,每 7～10 天喷 1 次,连续 2～3 次。

四、采收与加工技术

(一)采收

1. 采收期

金银花从现蕾到开放、凋谢,可分为以下几个时期:米蕾期、幼蕾期、青蕾期、白蕾前期(上白下青)、白蕾期(上下全白)、银花期(初开放)、金花期(开放 1~2 天到凋谢前)、凋萎期。青蕾期以前采收干物质少,药用价值低,产量、质量均受影响;银花期以后采收,干物质含量高,但药用成分下降,产量高、质量差。白蕾前期和白蕾期采收,干物质较多,药用成分、产量、质量均高,但白蕾期采收容易错过采收时机,因此,最佳采收期是白蕾前期。

2. 采收方法

金银花最佳采收时间是清晨和上午,此时采收,花蕾不易开放,养分足、气味浓、颜色好。下午采收应在太阳落山以前结束,日落后成熟花蕾就要开放,影响质量。采收时要只采成熟花蕾和接近成熟的花蕾,不带幼蕾,不带叶子,采后放入条编或竹编的篮子内,集中的时候不可堆成大堆,应摊开放置,放置时间不要超过 4 h。

(二)初加工

金银花采收后应及时干燥,防止堆放引起变色或霉变。可晾干或烘干。

1. 晾干法

将采摘的花蕾,均匀撒在山坡石板上、平房顶上、水泥场地上,或编制的工具如条筐、苇席或高粱秆箔上,厚度以 3~6 cm 为宜。不要直接撒放在泥土地面上,因泥土地面夜晚易返潮,花蕾易受潮变黑。在编制的工具上晒制时,晒具要架起来,以利于通风和防潮。摊晒的花蕾在未干前不能触动,于盛具内晒,傍晚后可收回房内或棚下。花蕾用手抓,握之有声,一搓即碎,一折即断,含水率达 5%左右,可装入塑料袋中贮存。

2. 烘干法

烘时要严格掌握好温度,初烘时温度不宜过高,一般 30~35 ℃,烘 2 h 后,温度可升至 40 ℃ 左右,鲜花排出水气,经 5~10 h 后室内保持 45~50 ℃。10 h 后鲜花水分大部分排出,再把温度升至 55 ℃,使花迅速干燥。一般烘 12~20 h,可全部烘干,烘干时不能用手或其他东西翻动,否则易变黑,未干时不能停烘,停烘发热变质。烘干比晾干质量好,是金银花生产中提高产品质量的一项有效措施。经烘干的金银花置阴凉干燥处保存,防潮防蛀。

菊 花

一、概述

菊花为菊科多年生草本植物，以干燥头状花序入药，药材名菊花。菊花味甘、苦，性微寒，具有疏风、清热、明目、解毒的功效，主治头痛、眩晕、目赤、心胸烦热、疔疮、肿毒等症。菊花在我国有悠久的栽培入药历史，同时又被广泛用于保健茶饮。药材按产地和加工方法不同，有杭菊、亳菊、滁菊、贡菊和祁菊等之分。主产于浙江、江苏、安徽、河北、河南、四川、江西等地，江西修水、南昌、高安等市县有种植。

二、形态特征及生物学特性

菊花为多年生草本植物，株高 60～150 cm，菊花喜温暖湿润，阳光充足的环境。耐寒冷，花耐微霜，花期能忍受 −4 ℃ 的低温，生长适温为 20 ℃左右。花期以稍干燥为好，雨水大，易烂花。菊花是短日照植物，不耐荫蔽，否则分枝花朵减少。对土壤要求不严格，但喜肥，宜选择阳光充足、疏松肥沃、排水良好的砂壤土，pH 6～8，微酸、碱性土壤均可种植，忌重茬。土质黏重，盐碱地，低洼易积水地不宜种植。

三、栽培及管理技术

(一)苗木繁殖

1. 选留良种

选择无病、粗壮、花头大、层厚心多、花色纯洁、分枝力强、无病花多的植株，作为种用。然后根据各种不同的繁殖方法，进行处理。但因为菊花在同一个地区的品种由于多年的无性繁殖，往往有退化现象，病虫害多，生长不良，产量降低，同时其中亦有变好的，故选留良种时，特别注意选留性状良好的变种，加以培育和繁殖。必要时，可从其他地区引种。

2. 繁殖技术

菊花的繁殖方法很多。以扦插和分根繁殖为主，也可用嫁接和压条繁殖。分根繁殖虽然前期容易成活，但根系后期不太发达，易早衰，进入花期时，叶片大半已枯萎，对开花有一定影响，花少而小，还易引起品种退化；而扦插繁殖虽较费工，但扦插苗移栽后生长势强、抗病性强、产量高，故目前生产上常用。

(1)扦插繁殖。一般在 4 月下旬至 6 月上旬均可扦插育苗，选择健壮、无病虫害的新枝作为插条，剪成 10～13 cm 长的小段，上端平截，下端去掉叶子，于节下剪成斜面，快速在 1～1.5 g/kg 吲哚乙酸溶液中蘸一下，稍晾干，在整好的苗床上，按行距 20 cm，开深 10 cm 的横沟，将插条沿沟边斜插入沟内，株距 5～8 cm，覆土 5～7 cm，顶端露出地面 3 cm 左右。压实浇透水，加强苗床管理，约 20 天即可发根。当新苗高 20～25 cm 时，即可移栽。

(2)分根繁殖。在收割菊花的田间，用肥料将选好的种菊根盖好，以防冻害。翌年 4 月下旬至 5 月上旬，发出新芽时，将种菊根挖出，抖净泥土，顺芽带根将种菊根分开，将过长的根切掉，保留 6～7 cm。在整好的畦上按行株距 40 cm×40 cm 挖穴，深 15 cm，每穴栽 1～2 株，苗摆正，覆土压实，浇透水。

(二)栽植技术

1. 选地整地

选地势平坦，排灌水方便，疏松肥沃，排水良好的砂壤土为扦插育苗地。选地后，施入足量的堆肥、厩肥为基肥，深翻后，耙细整平，做 1.2 m 高畦为扦插育苗床。畦沟宽 30～40 cm，移栽地宜选地下水位低，地势较高，阳光充足，土层深厚，疏松肥沃，富含腐殖质的砂壤土。选地后，每亩施腐熟厩肥 3 000 kg、过磷酸钙 50 kg，深翻 20 cm 左右，耙细整平，做宽 1.2 m 的高畦，畦沟宽 30～40 cm。

2. 移栽

苗龄掌握在 40 天左右，于 5 月下旬至 6 月上旬移栽，选阴天或晴天傍晚进行，起苗时先将苗床浇透水，带土移栽，成活率高。在整好的畦面上按行株距 40 cm×40 cm 挖穴，穴深 6～8 cm，每穴栽一株，苗摆正，覆细土压紧，浇透水，每亩栽 5 500 株左右。

(三)田间管理

1. 中耕锄草

菊花是浅根性植物，中耕不宜过深。一般中耕 3～4 次，第一次在移植成活后 1 周左右，宜浅松土。表土干松，地下稍湿润，使根向下扎，并控制水肥，使地上部生长缓慢，俗称“蹲苗”，否则生长过于茂盛，至伏天不通风透光，易发生叶枯病。第二次在 7 月中、下旬，第三次在 9 月上、中旬，应深松土，结合培土，以防倒伏。在每次中锄时，应注意勿伤茎皮，不然在茎部内易生虫或蚂蚁，将来生长不佳，影响产量。每次大雨之后，土地板结时，浅锄一次，可使土壤内空气畅通，促进菊花生长，并能减少病害。

2. 追肥

菊花根系发达，细根多，吸肥能力强，需肥量大。结合中耕锄草，可进行 3～4 次追肥。第一次在菊苗转青或移栽成活后 5 月上、中旬打顶时，每亩施尿素 10 kg；第二次在 6 月下旬，植株开始分枝时，每亩施尿素 10 kg，施后培土；第三次在 9 月下旬，菊花花蕾将形成时，每亩施复合肥 30 kg，以促使多结花蕾，也可进行根外追肥，用 2%过磷酸钙水溶液均匀喷于叶面。先将过磷酸钙用水发散，充分搅拌，务使其无颗粒，用水泡一昼夜。施前加足水搅匀，用布袋过滤，而后在晴天下午喷施，最好在傍晚进行，容易吸收。每隔 3～5 天喷 1 次，共喷 2～3 次。

3. 排水灌溉

菊花喜湿润，但怕涝，春季要少浇水，防止幼苗徒长，按气候而定，保证成活即可。6 月下旬以后天旱，要经常浇水，如雨量过多，应疏通大小排水沟，切勿有积水，否则易生病害和烂根。

4. 打顶

打顶是促使主杆粗壮，增多分枝，多结花蕾，提高产量的有效措施。菊花移栽前，苗高20～25 cm时，进行第一次打顶，摘去主杆顶芽3～5 cm。第二次在6月上、中旬，植株抽出3～4枝长25 cm左右的新枝时，摘去新枝顶芽，第三次在7月上旬打顶，摘去二次新枝顶芽，剪除疯长枝条。

(四)病虫害防治

1. 病害

(1)叶枯病。又叫“枯斑病”，为害叶片。于4月下旬发生，雨季发病严重。植株下部叶片首先被侵染。初期，叶片出现圆形或椭圆形的紫褐色病斑，中心呈灰白色，周围很绿，有一淡色的圈，后期病斑上生有小黑点。严重时病斑扩大，造成整株叶片干枯。防治方法：①拔除病残叶，集中烧毁；②前期控制水分，防止疯长，以便通风透光；③雨后及时排水，降低田间湿度；④发病前喷1∶1∶120波尔多液，发病初期喷50%甲基托布津乳油1 000倍液防治，每7～10天喷1次，连续3～4次。

(2)霜霉病。春、秋两季雨水大容易发生，流行迅速。被害叶片出现一层灰白色霉状物。严重时全株枯死。防治方法：①实行轮作；②选育抗病品种和健康种苗栽种；③种苗用40%霜疫灵可湿性粉剂300倍液浸10 min后栽种；④发病初期用58%甲霜·锰锌可湿性粉剂300～400倍液或40%霜疫灵可湿性粉剂200～300倍液喷雾防治。

(3)枯萎病。雨季发病严重。受害植株叶片变为黄绿色或紫红色，自下而上蔓延，以致全株死亡。病株根部深褐色，呈水渍状腐烂。防治方法：①实行轮作；②雨季及时疏沟排水，降低田间湿度；③及时拔除病株，并用生石灰消毒病穴；④发病初期用50%多菌灵800倍液灌根防治。

(4)花叶病。发病植株的叶片呈黄绿相间花叶，叶卷曲。病株矮小或丛枝，枝条细小，开花少，花朵小，严重影响产量和质量。防治方法：①选育抗病品种；②发现病株及时拔除，集中烧毁，并用生石灰消毒病穴；③及时防治蚜虫常用药剂有10%吡虫啉可湿性粉剂2 000倍液喷雾；④发病后可喷50 mg/kg的农用链霉素溶液防治。

2. 虫害

(1)菊天牛。又叫“蛀心虫”。成虫和幼虫均能为害菊花。在7—8月菊花生长旺盛时，咬食菊花嫩茎梢，并产卵于茎髓部，使茎梢枯死，易折断。卵孵化的幼虫，多在茎秆分枝处蛀入茎内，因此茎秆分枝处易折断，被害枝不能开花或整枝枯死。防治方法：①成虫发生期，趁早晨露水未干时，进行人工捕杀；②晴天上午在植株和地面喷5%西维因粉剂；③幼虫发生期用40%乐斯本乳油1 000倍液喷雾；④7月间释放肿腿蜂、姬蜂等天敌进行生物防治。

(2)大青叶蝉。成虫、若虫为害叶片，被害叶片呈现小黑点。防治方法：用48%乐斯本乳油1 500倍液或10%吡虫啉可湿性粉剂1 000倍液或1.5%除虫菊素水乳剂80～160 mL/亩喷雾。

(3)菊蚜。于4—5月或9—10月，成、若虫密集于菊花叶背，花蕾和嫩枝梢，吸取汁液，使叶片变黄皱缩，花朵减少或变小。防治方法：①实行轮作；②清除杂草；③发生初期喷40%乐斯本乳油 1 500 倍液防治。

四、采收与加工技术

(一)采收

于霜降至立冬采收,以管状花(即花心)散开 2/3 时为采收适期。收获时将花连所在的枝从分杈处割下或剪下,扎成小把阴干。或直接剪取花头,随即加工。采摘时用食指和中指夹住花柄,向怀内折断。采花最好在晴天露水已干时进行,这样水分少,干燥快,省燃料和时间,减少腐烂,色泽好,品质优。但遇久雨不晴,花已成熟,雨天也应采,否则水珠包在瓣内不易干燥,而引起腐烂,造成损失。采下的鲜花立即干制,切忌堆放,应随采随烘干,最好是采多少烘多少,减少损失。菊花采收完后,用刀割除地上部分,随即培土,并覆盖熏土于菊花根部。

(二)初加工

菊花由于品种较多,产地各异,因此,加工方法也不同,有阴干、晒干、烘干等,以烘干方法为最好,干得快,质量好,出干率高,一般 5 kg 鲜花能加工 1 kg 干货。

1. 阴干

选晴天下午连花枝一起割下,挂搭好的架上阴干,全干后剪下干花,即为成品。

2. 蒸晒

将收获的鲜菊花置蒸笼内(铺厚度约 3 cm)蒸 4～5 min,取出放竹帘上暴晒,勿翻动。晒 3 天后翻 1 次,6～7 天后,堆起返润 1～2 天,再晒 1～2 天,至花心完全变硬时即为成品。

3. 烘焙

将鲜菊花置烤房竹帘上(或铺于烘筛置于火炕),厚度 3～5 cm,在 60 ℃左右温度下烘烤,半干时翻动 1 次,九成干时取出晒至全干即为成品。

玫瑰茄

一、概述

玫瑰茄为锦葵科一年生草本植物,别名洛神花。玫瑰茄具有天然色素,叶片、花、萼片均为药用部位,花萼是主产品,含有丰富的维生素 C 和 16 种氨基酸。《傣医药》记载:“花萼,酸,凉,清热解渴,敛肺止咳。用于高血压症、咳嗽、中暑、酒醉等”。玫瑰茄也是一种色、香、味俱佳的食品,用其生产出的纯天然健康饮品,是一种难得的天然饮料,对人体具有促进新陈代谢,增强机体功能,延年益寿的作用。我国江西、福建等地均有栽培,江西主要在高安、南昌、九江等地栽培,并大面积推广种植。

锦葵科有 50 属约 1 000 种,其中木槿属约 200 余种,分布于热带和亚热带地区,我国(含栽培种)约 24 种,江西栽培的玫瑰茄为木槿属。

二、形态特征与生物学特性

玫瑰茄分布于热带和亚热带地区,具有喜光、喜温、耐旱、怕早霜、忌积水特性。在 25～30 ℃ 生长最佳,不耐低温,低于 15 ℃易受冻害。对土壤要求不严,无论山地、丘陵、平原均可种植。在江西赣南始花期一般在 8 月份,12 月份种子全部成熟,采收期尽量避开阴雨天,防止霉变。

玫瑰茄一年生直立草本,株高 150～200 cm。茎秆、叶脉、花萼均紫红或紫黑色;主干多分枝,叶互生,叶边锯齿状,柄长 2～8 cm;花单生于叶腋,离瓣,呈圆锥状或不规则形,长 2.5～4 cm,花冠黄色,内面基部深红色,直径 6～7 cm;果实为蒴果卵球形,每果 3～5 室,有种子 26～33 粒,肾形。

1. 花萼　2. 种子

三、栽培及管理技术

(一)种苗繁殖

玫瑰茄通常采用播种和扦插栽培两种方法。

1. 精选种子

选取颗粒饱满,深灰褐色而具光泽、无害虫的玫瑰茄的种子作种。播前种子先经 40 ℃温水浸泡 6 h。

2. 苗床选择与整地

应选择阳光充足、排灌方便、土质疏松、土层深厚、排灌良好的酸性红壤、赤红壤或砂壤土作为玫瑰茄苗床较好。土地应进行深耕,除去杂草,苗床垄面宽 80～100 cm,垄高 15～20 cm。每亩施土杂肥 1 500 kg 或钙镁磷肥 100 kg 做基肥,施后翻耕,耙细整平。

3. 适期播种,培育壮苗

玫瑰茄既可以播种栽培,也可以扦插栽培。直接播种一般于 4 月下旬至 5 月中旬翻地整地,挖穴播种,每穴点播 4～5 颗,覆一层薄土 0.5～1 cm,播后约 1 周出苗。苗床播种,苗床选择土壤疏松、有灌溉条件的较肥沃的旱地,可撒播或条播,株行距 5 cm×8 cm。种子在苗床发芽后,选雨后晴天或阴天,进行移栽。扦插栽培,玫瑰茄植株生长至约 80 cm,结合打顶修枝,剪取长约 20 cm 的半木质化枝条扦插种植。扦插后浇水保湿,约 10 天生根发芽。江西玫瑰茄栽培方式主要是直接播种和苗床栽培。

(二)栽培及管理技术

1. 选地与整地

玫瑰茄属直根系,侧根发达,扎根深,耐旱不耐涝,因此播种和扦插移植地应选择排灌方便,在中等或中下肥力砂壤土和 pH 为 6～8 的土壤中生长较好。土壤需耕耙,充分细碎,除去杂草,筑好垄畦。按行距 66 cm,开沟,形成高 30～40 cm 的栽植垄,并开好腰沟和围沟,做到三沟相通。每亩施有机肥 1 000～1 500 kg,施后翻耕,盖土。

2. 适时栽培,合理密植

玫瑰茄在江西大部分地区采用的是苗床播种和直接播种,苗床播种的,在苗龄为 15～20 天,苗高 15～25 cm 时进行移栽。选雨后晴天或阴天,育苗床水分充足,一般按行株距 66 cm×80 cm,每穴栽 1 株进行移栽。种植密度为坡地和瘦薄地的宜密,为平地和肥沃地的宜稀。每亩种植 1 000～2 000 株。直接播种的定苗时,肥地每穴留 1 株,瘦地留 2 株;小苗移栽的种植株行距,肥地为 66 cm×100 cm,每亩种植 1 000 株;中等肥地 66 cm×80 cm,每亩种植 1 250～1 500 株,山坡、瘦薄地为 66 cm×50 cm,每亩种植 2 000 株。

3. 适时间苗、中耕

幼苗长 15 cm 高时就要进行第一次间苗和补苗,每穴留 2～3 株,第二次间苗于苗高 25 cm 时进行,每穴留 1～2 株壮苗,缺苗的可移苗补植。苗高 30 cm,结合追肥培土,适时进行中耕 2～3 次。当苗长至 100 cm 高时要进行打尖,促使枝壮、花多、萼肥。

(三)田间管理

玫瑰茄是耐旱怕涝的植物,育苗移植的需在苗期浇水保持土壤湿润,定植成活后,一般不需要灌溉。玫瑰茄一般不需施太多肥料，施足基肥，适时追肥即可。直播的在苗高 10 cm 以上，间苗后开始追肥，苗床播种的在定植后 20 天追肥，每亩施尿素 10～15 kg，进行第一次追肥以促分枝的生长；第二次追肥在开始出现花蕾前后进行，施肥前清除杂草，每亩施腐熟饼肥或复合肥 50～100 kg，施后盖土，能使玫瑰茄催花保果，促进花萼膨大。玫瑰茄结蕾期遇干旱易造成落花落蕾，旱期应做好灌水，以利于提高产量，阴雨天气注意开沟排水。

(四)病虫害防治

玫瑰茄主要病害为白绢病和根颈腐病。白绢病发病时期多为 6—9 月份，发病初期根变色、腐烂，叶片退绿发黄，后期向上侵染主茎，高温高湿天气茎基部可见到白色菌丝包绕，皮层与木质部发黑干腐，最后植株枝叶枯萎。防治措施：实行轮作，发病初期拔除发病中心病株，并撒施石灰粉消毒，或用 50%多菌灵可湿性粉剂或 70%甲基托布津可湿性粉剂 800～1 000 倍液浇施根部土壤。根颈腐病发生时呈现黄褐色凹陷病斑，病斑扩展后导致根茎部腐烂，外皮纵裂，内部纤维外露，缢缩变细，全株枯萎。

防治措施：播种前种子用 50% 多菌灵可湿性粉剂 400 倍液浸 10 min；发病期间用 50%多菌灵可湿性粉剂 800 倍液、30%甲霜•恶霉灵水剂1 500 倍液混合喷雾 7～10 天 1 次，连续 2～3 次。

玫瑰茄植物主要害虫有蚜虫、卷叶虫、地老虎、蝼蛄、蟋蟀等，可采用 10%吡虫啉可湿性粉剂等农药喷雾防治，地下害虫可撒毒饵诱杀或撒施 5%辛硫磷颗粒剂制成的毒土毒杀。

四、采收与加工技术

(一)采收

栽培玫瑰茄的主要目的是采收萼片，适时采收，保证质量是提高经济效益的重要环节。充分成熟的萼片，色正、肉质厚、产量高。适宜的采收期是茄果开花 1 个月后，萼片发育充分肥大，颜色由紫色转为深紫色，片尖开始萎蔫，果实种子由软变硬呈灰褐色，下部叶片脱落，即可开始采收。要分下、中、上三部分分批采收，一般在上午露水干后进行。

(二)加工

采回后的茄果经晾晒失水，萼片由脆变软时，即可进行脱萼，可使用脱萼器，使花萼与果实分离，要保持花萼的完整。鲜萼脱下后及时摊开晾晒，含水量低于 13%即可装袋备售。果实晒干去壳后，清洁的种子可供榨油和留种。

白花蛇舌草

一、概述

白花蛇舌草为茜草科植物白花蛇舌草的干燥或新鲜全草，别名鹩哥利、鹤舌草等。性凉、味甘、淡。具清热解毒、利尿消肿、活血止痛等功效。历史上是南方一种民间野生草药，近年研究发现其具抗癌和护肝等功效。主要分布在云南、广东、广西、福建、浙江、江西、安徽、江苏等地，江西主产在东乡、南城等地。

二、形态特征及生物学特性

(一)形态特征

白花蛇舌草为一年生披散矮小草本，茎长约 20 cm，多分枝，基部略呈方柱形。单叶对生，近无柄，纸质，线形，长 1～2 cm，全缘，上面光滑，下面稍粗糙，顶端急尖或渐尖；中脉上面凹陷，侧脉不显，托叶长约 2 mm，下部合生，上部具 1～3 条钻形裂片。花通常春天开放，白色，单生或有时双生叶腋；花梗长 2～3 mm；等管球形，长约 1.5 mm，檐部 4 裂，裂齿长圆状被外形，长 1.5～2 mm；花冠筒状，长约 4 mm，檐部 4 裂，裂片卵状长圆形，长约 2 cm；雄蕊 4，着生于花冠喉部；花柱稍外伸，柱头 2 裂。葫果扁球形，直径 2～3 mm，果皮膜质，室背开裂，灰褐色及黄褐色；种子细小，黄棕色。花期 6—9 月，果期 7—10 月。

(二)生长习性

白花蛇舌草多野生于田边、园地、旷野、路旁、渠沟、河边等潮湿处，喜温暖潮湿环境，需要充足的阳光，不耐干旱和积水，以疏松、肥沃的腐殖质壤土为佳。

白花蛇舌草种子极小，每一个果实中包含数百粒种子，种子千粒重仅有 0.006 g 左右。种子在恒温条件下发芽率极低，但在自然变温(20～35 ℃)的条件下发芽率可达 70%以上。在一般贮藏条件下，种子寿命为 1 年，低温贮藏可延长种子寿命。

三、栽培及管理技术

(一)苗木繁殖

1. 苗地准备

白花蛇舌草应选择地势偏低、光照充足、排灌方便、疏松肥沃的壤土种植。基肥每亩施有机肥 500 kg 或复合肥 50 kg 和磷肥 50 kg，将基肥均匀撒入土内，浅耕细耙，开沟做畦，畦宽 1 m，畦沟深 25 cm，畦面呈龟背形，以便排灌。

2. 种子准备

白花蛇舌草第一次收获的种子较嫩，出苗率不如第二次收获的种子，一般把第二次收获的成熟果实作为种子，收获时在大田选粗壮植株、分枝多、果实成熟的全草，齐地面割取地上部分，晒干后全草连果实一起保存，待来年播种，一般出苗率在60%以上。

3. 播种

白花蛇舌草播种时间可分为春播和秋播，春播的作商品，秋播的既可作商品又可留种。春播在南方水稻栽培地区，以3月下旬至5月上旬为佳，春播收获后可在原地连播，也可留根发芽栽培。秋播于8月中、下旬进行。一亩地需要种子1 kg。

种子的播种前处理。由于白花蛇舌草种子细小，又包含在果实中，为了提高出苗率，播种前应进行种子处理，具体方法为：将白花蛇舌草的果实放在水泥地上，用橡胶或布包的木棒轻轻摩擦，脱去果皮及种子外的蜡质，然后将细小的种子拌5倍以上细沙土播种。

播种方法：白花蛇舌草播种分为条播和撒播两种。条播行距为30 cm；撒播将带细土的种子均匀播在畦面上，稍压或用竹扫帚轻拍。

播后管理：在播种后用稻草薄薄盖一层，白天遮阴，晚上揭开，直至出苗后长出4片叶子为止，或播种后采用猪栏肥薄薄盖在畦面上并留有空间，既遮阴，又使土壤疏松，有利于出苗，早、晚喷浇1次水，保持畦面湿润，但不要积水。秋播畦面要用稻草覆盖，防止暴晒影响出苗，待苗出4片叶子时，揭去遮盖稻草，秋季如留根繁殖，不需要遮阴，畦沟里应灌满水，以畦面湿润不积水为佳。

（二）栽植技术

1. 间苗及除草

幼苗出土后应结合松土，除草进行间苗，按株距10 cm定苗，在苗高6 cm左右、植株尚未披散之前应勤除杂草，并追浇1次稀速效肥，待植株长大散满地时，就不再除草，以免锄伤植株。

2. 排灌

播种后应经常浇水，保持土壤湿润，但忌畦面积水，雨后有积水要及时排除；小暑至大暑期间应在沟内灌水，起到降温、防烧伤的作用，在植物生长期间，水源是关键，既要防旱又要防涝，后期可停止灌溉。

3. 追肥

白花蛇舌草生长期短，需要重施基肥，基肥以有机肥为主，如苗情不好，在6月上旬苗高10 cm左右时，每亩用尿素5 kg，加入100倍水泼浇，中期按长势可不定期追施稀氮肥，又因白花蛇舌草苗嫩，追肥时要掌握浓度，以防烧灼。另外，如果收获2次，在第一次收割后，每亩追施尿素15 kg，待苗高10 cm左右再施尿素5 kg，如果在收获前，即刚开花时，苗势不好，可增施1次复合肥20 kg。

（三）病虫害防治

生长前期常有地老虎咬食幼芽、截断根茎；生长中后期有雀天蛾咬食叶片和嫩茎。防治方法：可用90%晶体敌百虫拌炒香的豆饼或麦麸，做成毒饵诱杀，或于清晨露水干前人工捕杀。

四、采收与加工技术

在长江以南地区，白花蛇舌草一年可收割 2 次，第一次收获在 8 月中、下旬，部分果实成熟时，齐地面割取地上部分，去杂质和泥土，晒干为商品。第二次收获在 11 月上旬待果实成熟时，割取地上部分，去杂质和泥土，晒干即可。白花蛇舌草一般每亩地可收干品 300～350 kg。

薄　荷

一、概述

薄荷，为唇形科多年生草本植物，多生于山野湿地河旁，是一种有特种经济价值的芳香作物，全株青气芳香。是常用中药之一。它是辛凉性发汗解热药，治流行性感冒、头疼、目赤、身热、咽喉、牙床肿痛等症。外用可治神经痛、皮肤瘙痒、皮疹和湿疹等。平常以薄荷代茶，清心明目。

薄荷主产于我国江苏、江西、湖南等省。薄荷栽培品种很多，有紫茎紫脉薄荷、青茎圆叶薄荷、小叶黄种、红叶臭头、白叶臭头等，生产上常采用的是青茎圆叶薄荷（青薄荷）、紫茎紫脉薄荷（紫薄荷），栽培最好选紫薄荷。

二、形态特征及生物学特性

薄荷为多年生草本。茎直立，高度 30～60 cm，下部数节具纤细的须根及水平匍匐根状茎，锐四棱形，具四槽，上部被倒向微柔毛，下部仅沿棱上被微柔毛，多分枝。

叶对生，具柄，距圆状披针形，边缘有锯齿，背面有油腺点。轮伞花序，一般生长在叶腋间，花冠为淡紫色，长 4 mm，表面有柔毛。一般在 7—9 月开花，10 月结果，果实黄褐色。

薄荷对环境条件适应能力较强，在海拔 2 100 m 以下地区可生长，生于水旁潮湿地时，海拔可高达 3 500 m。薄荷对温度适应能力较强，其根茎宿存越冬，能耐 －15 ℃ 低温。其生长最适宜温度为 25～30 ℃。气温低于 15 ℃时生长缓慢，高于 20 ℃时生长加快。在 20～30 ℃时，只要水肥适宜，温度越高生长越快。薄荷为长日照作物，性喜阳光。日照长，可促进薄荷开花，且利于薄荷油、薄荷脑的积累。薄荷对土壤的要求不严，除过沙、过黏、过酸碱以及低洼排水不良的土壤外，一般土壤均能种植，以砂壤土、冲积土为好。土壤 pH 以 6.0～7.5 为宜。

三、栽培及管理技术

（一）选地整地

薄荷对土壤要求不严，除了过酸和过碱的土壤外都能栽培。选择有排灌条件的，光照充足的塘边、屋边、水渠边等零散土地，土质肥沃，地势平坦为好。沙土、光照不足、干旱易积水的土地不易栽种。种过薄荷的土地，要休闲 3 年左右，才能再种。因地下残留根影响产量。整地、深翻地，施腐熟的堆肥、土杂肥和过磷酸钙、骨粉等作基肥，每亩 2 000～2 500 kg，耙细，浅锄一遍，把肥料翻入土中，碎土，耙平做畦宽 2 m。

(二)繁殖技术

薄荷的繁殖方法主要是根茎繁殖，分株繁殖、扦插繁殖和种子繁殖四种，种子繁殖育种时采用，生产上不采用。

1. 根状茎繁殖

栽植时间为 10 月下旬至第二年 4 月份，秋季栽比较好，生根快，发棵早。根茎随挖随栽，选白色粗壮、节短的新根茎留作种用，捡去老根和黑根，按行距 24 cm 在畦面开小沟深 6～10 cm，将根茎整条放入沟内或者截成 6～10 cm 小段放入，株距 15～20 cm，同时覆土压紧浇水，每亩需根茎 100～150 kg。

2. 分株繁殖

也称秧苗繁殖或移苗繁殖。选择植株生长旺盛的，品种纯正、无病虫害的田地留作种用。秋季地上茎收后立刻中耕除草追肥，翌年 4—5 月，苗高 6～15 cm 时，将老薄荷地里的苗连土挖出根茎，移栽时按行距 25 cm，株距 15～20 cm，挖 6～10 cm 深，1 穴栽 2 株，覆土压紧浇水。

3. 种子繁殖

春天 3—4 月把种子和少量干土或草木灰拌和，播种畦上开浅沟，把种子均匀撒入沟内，覆土 1～2 cm 厚，播后浇水，盖稻草保墒，2～3 周即出苗。种子繁殖生长慢，容易变异。作育种用，生产上不采用。

(三)田间管理

(1)查苗补栽。田间基本全苗后，应及时查苗，对缺苗或苗稀的点、片要进行补栽。

(2)中耕除草。全苗后，行间中耕除草，株间人工除草，以保墒、增(地)温、消灭杂草、促苗生长。封行前中耕除草 2～3 次。收割前拔净田间杂草，以防其他杂草的气味影响薄荷油的质量。

(3)适时追肥。在苗高 10～15 cm 时开沟追肥，每亩施尿素 10 kg，封行后亩喷施磷酸二氢钾 150 g+尿素 150 g 2 次。

(4)科学浇水。薄荷前中期需水较多，特别是生长初期，根系尚未形成，需水较多，一般 15 天左右浇 1 次水，从出苗到收割要浇 4～5 次水。封行后应适量轻浇，以免茎叶疯长，发生倒伏，造成下部叶片脱落，降低产量。收割前 20～25 天停水。

(5)摘心打顶。5 月份当植株旺盛生长时，要及时摘去顶芽，促进侧枝茎叶生长，有利于增产。

秋季栽苗至出苗期间，可套种一些在 3 月前能收获的植物，如菠菜等短期作物，这样既能增加单位面积内的产量，又能保温保湿，有利于根状茎生长，出苗早、齐。

(四)病虫害防治

薄荷主要病害是黑胫病、锈病、斑枯病，薄荷主要害虫有“造桥虫”。

1. 黑胫病

发生于苗期，症状是茎基部收缩凹陷，变黑、腐烂，植株倒伏、枯萎。防治方法：选用对黑胫病具有较强抗性的品种;与其他农作物实行3年以上的轮作;加强田间管理,合理密植,清理田地,减少病害的产生;及时清理染病的叶片或植株,以防传染;发病期间亩用70%的百菌清可湿性粉剂或50%多菌灵可湿性粉剂100～150 g,兑水喷洒。

2. 锈病

5—7月易发,防治方法:选用抗病品种种植,发病初期喷洒25%粉锈宁可湿性粉剂1 000～1 500倍液或50%硫黄悬浮剂300倍液、25%丙环唑乳油3 000倍液、25%丙环唑乳油4 000倍液加15%三唑酮可湿性粉剂2 000倍液、70%代森锰锌可湿性粉剂1 000倍液加15%三唑酮可湿性粉剂2 000倍液等叶片喷雾,隔15天1次,防治1～2次,采收前5天停止用药。

3. 斑枯病

又称白星病。主要为害叶片,叶面生有圆形至不规则形暗绿色病斑,大小2～3 mm,后变褐色,中部褪为灰色,周围具褪色边缘,病斑上生有黑色小粒点,致早期落叶,5—10月发生。防治方法:实行轮作;收获后及时清除病残体,以减少菌源;加强田间管理,雨后及时疏沟排水,降低田间湿度,可减少发病;发病初期喷洒30%氧氯化铜悬浮剂800倍液、1∶1∶160倍式波尔多液、70%甲基硫菌灵悬浮剂800～900倍液、65%代森锌可湿性粉剂500倍液等,隔7～10天1次,连续防治2～3次。采收前3天停止用药。

4. 造桥虫

以幼虫取食叶片和嫩枝。初孵幼虫取食叶肉,留下表皮,像筛孔,大龄幼虫把叶片咬成许多缺刻或空洞,只留叶脉。为害期在6月中旬左右、8月下旬左右。防治方法:成虫生产期,在田间用杨树枝把或黑光灯诱杀。施药适期应掌握在幼虫3龄前,可用药剂有25%灭幼脲悬浮剂、50%辛硫磷乳油、50%杀螟松乳油等按推荐浓度喷雾。卵孵化盛期,用苏云金杆菌乳剂100倍液,还可用每克含100亿活芽孢的苏云金杆菌可湿性粉剂500～1 000倍液喷雾防治。

四、采收与加工技术

由于薄荷油在花蕾期含量最高,薄荷脑在盛花期含量最高,因此,若作为药用材料提炼薄荷油、薄荷醇、薄荷脑等。最佳收获期应该在花蕾期至盛花期,即主茎10%～30%花蕾盛开时收割,在一天当中又以11:00—15:00时含油最高。第一季薄荷收割后,应立即追肥1次,每亩追施尿素10 kg、磷酸二氢钾10 kg,一年可收割2～3次。

鱼腥草

一、概述

鱼腥草为多年生宿根草本植物，味辛、微寒，具有清热解毒、消肿排脓、利尿通淋及止咳化痰等功效，现代药理学研究表明，鱼腥草具有较强的杀菌和抗病毒作用，主要治疗肺炎、上呼吸道感染、慢性支气管炎、感冒发烧、尿路感染、白带过多等病症。鱼腥草一般生长于阴湿地或水边，对环境适应力强，广泛分布于我国长江流域以南各省，主产于浙江、江苏、湖北、四川、江西等地；江西赣州会昌有栽培。

鱼腥草有普通鱼腥草及白鱼腥草两种类型，形态类似，白鱼腥草味稍淡。

二、形态特征及生物学特性

鱼腥草为多年生草本，高 30～50 cm；全株分为地上和地下部分，地下部分的变态茎，节上轮生小根，节间白色；地上部分茎直立，茎叶常为紫红色，单叶互生，托叶膜质，叶柄长 2～4 cm，叶片心形，全缘；穗状花序生于茎顶，花朵小而密，花瓣白色，4—7 月开花。蒴果，顶端有宿存的花柱。全株有特殊鱼腥气。

鱼腥草喜温暖湿润的气候，对温度适应范围广，同时也耐寒，地下根茎在气温低至 −15 ℃ 仍可正常越冬。在阴湿条件下生长良好。对光照要求不严，弱光条件下也能正常生长发育，但以阳光充足为好。对土壤条件要求不严格，但以土壤微酸，土层深厚、肥沃的砂壤土为好。

三、栽培及管理技术

（一）种苗繁殖

鱼腥草主要有有性繁殖和无性繁殖两种。有性繁殖成活率低，因此人工栽培主要采用无性繁殖，具体方法如下。

无性繁殖主要有分株、插枝和根茎繁殖 3 种繁殖方法。分株繁殖通常在 3 月中、下旬进行，将鱼腥草母株挖出分株后直接移栽；插枝繁殖通常在秋季进行，剪取健壮枝条作插穗，直接扦插于以砂壤土为主的苗床上，保持适当的行株距，插后浇水、遮阴，生根后移苗定植；根茎育苗繁殖，可在 2—3 月进行，挖出色白、粗壮的根茎，截成具有 2 个腋芽以上的小段，直接定植于苗床上即可。无论采取哪种繁殖方法，均需注意冬季和早春防冻保温，夏季和初秋遮阳保湿。

(二)栽植技术

1. 选地与整地

鱼腥草具有喜温暖湿润、忌干旱的特点。因此,选地时应选择地势平坦、阳光充足、排灌方便、有机质含量高的微酸性壤土或砂壤土。为了减少病害的发生,鱼腥草可采取与玉米等作物轮作的方式。

种植前彻底清除杂草、碎石,深耕晒垡,并施基肥。深耕 40 cm,深耕后晾晒 3 天,将地耙平做成畦,即可。

2. 繁殖及栽培

2—4 月,把上一年挖取的地下茎剪成 10～15 cm 的小段,每段留 2～3 个节,并保留须根,平放于施入腐熟的有机肥的栽植沟中,株距 5～8 cm,覆土 6～7 cm,稍加镇压后浇水。栽种后经常保持土壤湿润,以利于发芽生长。

(三)田间管理

1. 中耕除草

鱼腥草栽植后,须勤除杂草,封行前可培土清除杂草,封行后人工拔草,结合中耕除草并施肥。鱼腥草为浅根植物,地下根茎匍匐生长,因此中耕除草时要避免损伤其根茎。幼苗期有杂草,应及时人工拔除。遇雨季,土壤易板结,人工除草的同时还需松土。

2. 科学施肥

鱼腥草生长期应适当追肥,以氮、钾肥为主,对磷的需求量较少,但不能缺乏。前期以氮肥为主,齐苗后至封行前,追尿素 2～3 次,每亩 10 kg;中期以复合肥追肥为主,每亩 10 kg;后期可用 0.4%磷酸二氢钾溶液进行根外追肥,每 7～10 天喷施 1 次,共 4～5 次。不使用未经无害化处理的人(畜)粪尿和硝态氮肥,采收前 30 天禁止施肥。

3. 灌溉排水

鱼腥草的产量与土壤湿度有密切关系,因此在鱼腥草整个生长期内,应保持土壤适当湿度,天气干旱及时浇灌,雨季及时排除积水。鱼腥草播种后,若持续干旱 5 天,就要适时灌水,直至出苗;在生长期也要适时灌水,有利于促进根茎生长和高产稳产。

4. 摘心去蕾

对地上茎叶生长过旺的植株,要进行摘心,抑制长高,促发侧枝,并进行培土护根,促进地下茎生长,保证茎粗壮白嫩。去蕾可减少开花消耗养分,促进地下茎生长。

(四)病虫害及其防治

鱼腥草具有鱼腥味,较少发生虫害,一般无须使用化学药剂防治虫害,但在其生长过程中易患病。生产上常见的病害有白绢病、叶斑病及茎腐病等。针对这些病害,可采取合理轮作,合理密植;深沟高畦,提高通透条件;清洁田园,及时清除枯枝和病株并集中销毁。用药剂预防为主，栽植前根茎用50%多菌灵可湿性粉剂、70%甲基硫菌灵可湿性粉剂或波尔多液浸泡消毒。白绢病发病初期，及时带土拔出病株并销毁，病穴撒生石灰消毒，四周植株用75%百菌清可湿性粉剂稀释喷雾，10天1次，连续2～3次；叶斑病发病初期，用50%甲基托布津乳油或70%代森锰锌可湿性粉剂稀释喷雾，5～7天1次，连续2～3次；茎腐病，在发病初期用50%多菌灵可湿性粉剂、65%代森锌可湿性粉剂或70%甲基托布津可湿性粉剂稀释喷雾防治，7天1次，连续2～3次。

常见的虫害主要有小地老虎、红蜘蛛等，小地老虎等地下害虫可以使用90%晶体敌百虫拌潮土撒施，红蜘蛛用10%联苯菊酯乳油等药剂稀释喷施。应注意交替使用农药，采收前30天禁止用药。

四、采收与加工技术

（一）采收

鱼腥草全草入药，采收分为栽植第一年及栽植第一年后两种，栽植第一年只能采收1次，即秋季9—10月茎叶茂盛、花穗多、腥臭味最浓时采收，越年栽培的于6月和秋季9—10月各采收1次。采收方法为选择晴天露水干后齐地割取地上部分，采收后洗净晒干，扎成小把即可。

（二）加工

鲜鱼腥草除去杂质，迅速洗净，切段，干燥。

（三）质量标准

晒干后鱼腥草为茎呈扁圆柱形，扭曲，表面黄棕色，具纵棱数条；质脆，易折断。叶片卷折皱缩，展平后呈心形，上表面暗黄绿色至暗棕色，下表面灰绿色或灰棕色。穗状花序黄棕色。

紫　珠

一、概述

紫珠为马鞭草科紫珠属多年生落叶小灌木，茎枝叶(或全株)入药，具有收敛止血、散瘀、清热解毒等功效，是江西中成药产品主要原料，自然分布于江西、浙江、福建、湖南、湖北、贵州、云南、广东和广西等地，主要栽培在江西萍乡、宜春、吉安等地。

紫珠有广东紫珠、大叶紫珠、小叶紫珠及枇杷叶紫珠、裸花紫珠等。江西栽培的主要是广东紫珠和裸花紫珠。

二、形态特征及生物学特性

紫珠适宜温暖湿润气候，适应 −10 ℃ 以上温度，生长的温度范围 12～35 ℃，最适温度 25～28 ℃。喜光，属中性喜阳植物，好肥、喜湿润。紫珠在一般土壤环境均可种植，以在土壤湿润、疏松、肥沃、排水良好的沙质土壤中生长最好。

紫珠 3 月开始展叶，5 月下旬开始花芽萌发，花期较长，从 6 月上旬到 10 月上旬边开花边结果。一年有两次新梢，为春梢和秋梢，10 月下旬开始落叶。

广东紫珠叶狭长，叶背面密生显著的细小黄色腺点。

裸花紫珠花萼与花冠、叶表面均无毛，花序梗极长；而大叶紫珠的花萼、花冠、叶表面均被毛，花序梗粗短。

大叶紫珠叶片向阳面覆盖有绿色短毛，下表面长有密集灰白色茸毛，枇杷叶紫珠叶片呈长椭圆形或卵状椭圆形，上表面无毛，主脉上有黄褐色绒毛，通常脉上较密，背面密被黄褐色茸毛，侧脉 10～18 对，在叶下表面隆起。裸花紫珠叶展平后叶片卵状长椭圆形至披针形，基部钝或稍呈圆形，边缘呈不规则锯齿状，上表面只有主脉上密被星状毛，背面密生灰褐色茸毛和分枝毛。

三、栽培及管理技术

(一)苗木繁殖

紫珠有种子繁殖或扦插繁殖两种繁殖方式。

宜选背风向阳、近水源且排灌方便的东坡或东南坡旱地或农田作育苗圃，每亩施有机肥 2 000 kg，或 45%三元复合肥 100 kg 作基肥，整好苗床。

1. 播种育苗

2 月至 3 月上旬，在温棚整好苗床按行距 20～25 cm 开深约 3 cm 的浅沟，将种子均匀撒入沟内，覆细土 1～2 cm，再盖草。每亩播种量 1.0～1.5 kg。出苗后及时揭去盖草，保持土壤湿润，并分次间苗，最后按株距约 8 cm 定苗。

2. 扦插繁殖

2—3 月，在准备好的育苗苗床的床面上盖一层细沙和黄土(7∶3)，应使插床土壤湿润，然后覆盖黑色地膜。

选 1～3 年生健壮母树的木质化枝条，取基部至中部截成长 12～15 cm(2～3 个节)的小段作插穗。用 0.05%的生根粉溶液浸泡插穗基部约 20 s。

然后按株行距约 8 cm 插于苗床中，若较紧宜先用小竹筷之类在苗床垂直插出小洞，然后将穗条插入，插条入土深近 2/3，仅留一个节在地上。插后保持苗床湿润。

3. 苗期田间管理

中耕除草，控制田间杂草。适时适量浇水或灌水，保持苗床湿润；雨季注意清沟排水，不得有渍水。施肥次数和用量应看苗施肥，以氮肥为主，磷钾肥为辅，出苗至 9 月之前可追肥 3～4 次。

(二)栽植技术

1. 选地整地

一般农田、旱地或山坡，以及林间空地均可种植，以土壤湿润、疏松、肥沃排水良好的沙质土壤为宜。栽植地须先全垦整地，平地做成垄，山地做成种植条带。移栽前先开深宽 20～30 cm 的种植沟或穴，种植株行距在比较肥沃土壤条件(如农田和下坡位良好的旱地)宜 30 cm×40 cm，一般较瘠薄旱地、新开垦土地宜 20 cm×30 cm 或 30 cm×30 cm。

每种植穴施约 15 g 钙镁磷肥或 25 g 复合肥，并与土拌匀。

2. 移栽定植

12 月份至翌年 3 月份萌芽前进行移栽，宜选择雨前、阴天、细雨等天气进行。

宜选 1 年生苗，要求根系发达，健壮无病虫害，苗高达 30 cm 以上，地径 0.3 cm 以上。随起、随运、随栽，在栽植前切断过长主根，干枝留约 10 cm 剪断(剪下的枝干可制作成插穗育苗或直插栽培)。

每穴栽 1 株。栽正、舒根、踏实，栽植深度宜略高于苗木出圃土痕。

(三)田间管理

1. 园地管理

定植后每年春、夏季注意除草。

根据植株生长发育具体情况追肥，4 月以氮肥为主追施 1 次农家肥或化肥，如雨前或小雨时亩撒施尿素约 10 kg。5—6 月用 0.2%磷酸二氢钾加 0.5%尿素喷施叶面，应选阴天或者晴天傍晚喷肥。7 月下旬至 8 月下旬穴施或沟施氮磷钾复合肥 1 次，用量每亩约 50 kg。

2. 采后管理

在采收后结合冬季垦复除草，靠近种植行旁深耕开沟施肥并培土 1 次，以有机肥料(堆肥、厩肥)为主，每亩施农家有机肥 1 000 kg，钙镁磷肥 25 kg。

(四)病虫害防治

1. 猝倒病

幼苗在2～4叶期间，高温高湿时易感病菌而受害，表现为叶、嫩芽和茎渍水状腐烂，成片死苗。预防措施：播种在温棚注意通风透气，避免湿度过大；发病前常用1∶1∶100波尔多液喷叶预防；初发病即及时清除病株及其周围表土，晴天上午对圃地所有幼苗喷45%咪鲜胺乳油1 500倍液和6%嘧啶核苷类抗生素水剂200倍液。

2. 蛴螬

苗期虫害。防治措施：一是清洁田园，铲除地边、田埂和路边的杂草；杀灭虫卵、幼虫和蛹。二是严重发生田块可用毒饵诱杀，每亩地用50%辛硫磷乳油或90%晶体敌百虫0.3～0.75 kg加入适量的水，拌碾碎炒香的麦麸或豆饼等饵料30～75 kg。三是对受害的苗圃实行轮作。

3. 夜蛾类食叶虫害

幼虫为害叶片。黑光灯诱杀成虫。在幼虫为害期，可喷施48%乐斯本乳油1 500倍液，或2.5%溴氰菊酯乳油500倍液等杀虫剂。

4. 介壳虫(白蜡蚧、红蜡蚧)

吸食茎干树体汁液为害。5—6月注意观察其若虫期，在若虫阶段(1～2周)喷药防治，可用10%吡虫啉可湿性粉剂1 500倍液或25%噻嗪酮悬浮剂1 500～2 000倍液，严重时可适当选用40%速扑杀乳油800倍液等。

四、采收与加工技术

每年约10月在落叶前采收，离地面约10 cm割取地上部分。收割的鲜货加工前应注意不能堆积过厚，注意防霉防腐，以免影响质量。

采回的鲜药材即可供加工生产药材浸膏。或将鲜药材晾干，切段。使用编织袋包装或用包装机打成标准包。

夏枯草

一、概述

夏枯草，此草在夏至后即花序枯黑，因此得名，为多年生草本植物，匍匐根茎，节上生须根。全草入药，性寒，味甘、辛、微苦，具有清热泻火，明目，散结消肿的作用。

夏枯草主要分布在陕西、甘肃、新疆、河南、湖北、湖南、江西、浙江、福建、台湾、广东、广西、贵州、四川及云南等地。江西新余等地有栽培。

二、形态特征及生物学特性

（一）形态特征

多年生草本，高 20～30 cm。茎直立，常带淡紫色，有细毛。叶卵形或椭圆状披针形，长 1.55 cm，宽 12.5 cm，全缘或疏生锯齿。轮伞花序顶生，呈穗状；苞片肾形，基部截形或略呈心脏形，顶端突成长尾状渐尖形，背面有粗毛；花萼唇形，前方有粗毛，后方光滑，上唇长椭圆形，3 裂，两侧扩展成半披针形，下唇 2 裂，裂片三角形，先端渐尖；花冠紫色或白色，唇形，下部管状，上唇作风帽状，2 裂，下唇平展，3 裂；雄蕊 4，2 强，花丝顶端分叉，其中一端着生花药；子房 4 裂，花柱丝状。小坚果褐色，长椭圆形，具 3 棱。花期 5—6 月。果期 6—7 月。

（二）生物学特性

夏枯草喜温暖湿润的环境。能耐寒，适应性强，但以阳光充足，排水良好的砂壤土为好。也可在旱坡地、山脚、林边草地、路旁、田野种植，但低洼易涝地不宜栽培。

三、栽培及管理技术

（一）选地

夏枯草喜温暖湿润的环境，能耐寒，适应性强，各种地块都可种植，但以阳光充足，排水良好的砂壤土为好，低洼地、易渍水和易涝地不宜栽培。在水稻—夏枯草轮作模式下，应选择不易渍水的中稻田作为育苗田。

（二）播种

夏枯草可以采用种子繁殖和分株繁殖的方法进行繁殖。

1. 种子繁殖

播种时间在 8 月中旬至 9 月上旬，田块土壤干爽细碎后播种，年内定根越冬，翌年长势旺盛，具有成熟早，产量高的特点。可采用条播，在种植床上按行距约 25 cm 开沟，沟深 5 cm。每亩用种量约 1 kg，用细土或用细沙拌种，均匀播入沟中，覆细土，稍稍镇压，浇水，经常保持土壤湿润，10～15 天出苗。

2.分株繁殖

春季末萌芽时，将老根挖出，进行分株。按行株距 25 cm×10 cm 挖穴，每穴栽 1～2 株。栽后覆土压实，浇水，保持土壤湿润。

（三）苗期管理

播后两周左右即可发芽，3 周后基本齐苗。如遇连续多日晴天，要及时浇水，注意不能漫灌。在苗高 5 cm 左右间苗，去弱苗、留强苗。

（四）大田整地

整地前先除草，待草枯死后再进行整地。结合整地，每亩施 45%复合肥 20 kg、钙镁磷 50 kg。深耕 20～25 cm，耙细，开 40 cm 深的围沟，整理成 3 m 宽的平畦。整地时要注意做到排水通畅，排水不通畅的地块，最好做成 1.5 m 的畦，然后足墒移植。

（五）移栽定植

幼苗长到 5 叶 1 心时即可移栽，时间在 11 月中、下旬。最好在 12 月底前移栽结束，争取年内定根越冬，翌年长势旺盛，成熟早，产量高。如果移栽时间太晚，幼苗返青时间长，生长不好，来年发蔸差，直接影响管理和产量。栽植时掌握一个原则：肥沃田块宜稀植，贫瘠田块宜密植，一般栽插规格以株行距 25 cm×30 cm 为宜。

（六）大田管理

定植后及时浇蔸。夏枯草怕水涝，短期水浸会引起叶子过早枯萎，故浇水时注意不能漫灌。如遇雨水，要及时清沟排水。追肥视幼苗生长情况进行追肥。苗至 10 片叶时每亩追施尿素 10 kg。除草尽量做到见草就除，有草就拔。如使用除草剂除草，方法与育苗时一样。

（七）病虫害防治

夏枯草适应性强，整个生长过程中很少有病虫害，主要病虫害是立枯病和蚜虫，为害都不严重，加强田间管理和苗期管理，遇雨水，要及时清沟排水，追肥视幼苗生长情况进行追肥。一般不需用药。

四、采收与加工技术

当夏枯草植株果穗 80%现黄渐变成棕褐色时，趁晴天即可将秆连球一同割取晒干垛藏，待农闲时将球、秆分级包装待售。采收后老蔸可保留，能够继续生长。

留种以穗大、色棕红，摇之有响声的穗子为佳。当花穗变为黄褐色时，剪、摘下果穗，晒干，抖下或搓出种子，去掉杂质，贮存备用。

草珊瑚

一、概述

草珊瑚是金粟兰科草珊瑚属多年生常绿草本或亚灌木，又名满山香、肿节风、九节茶、接骨木等，全株均能入药，是我国传统的常用中药材，草珊瑚味苦辛、性平、有小毒，具有祛风通络、活血散瘀、消肿止痛、接骨续筋、抗菌消炎、清热解毒等功效，主治流行性感冒、流行性乙型脑炎、肺炎、跌打损伤、风湿关节痛、创口感染、菌痢等症。

草珊瑚属有 3 种，主要分布于我国长江以南各省(区)及东南亚等地。我国有 2 种，分别是海南草珊瑚和草珊瑚，前者多见于广东、广西、云南、海南等地；后者多见于江西、福建、安徽、浙江等长江以南地区，以江西和福建两省为主产地，其中江西又以贵溪、吉安、新干、井冈山等地居多。

二、形态特征及生物学特性

草珊瑚为多年生常绿草本或亚灌木，全株长 50～200 cm。茎圆柱形，较硬挺，多分枝，茎与枝有膨大的节；茎枝表面深绿色或棕褐色，具细纵皱纹，节下有一圈明显的叶鞘痕，粗茎上可见圆形小皮孔，质脆，易折断，断面淡棕色，中央有空洞，边缘纤维状。叶对生，叶柄较硬，基部抱茎；叶片革质，暗绿色或棕褐色，长 5～15 cm，宽 5～7 cm，卵状披针形或长椭圆形，顶端渐尖，基部尖或楔形，边缘具有粗锐锯齿，齿尖有一黑褐色腺体，表面光滑，常向叶背面微反卷；花期 6 月，果期 8—10 月，核果球形，直径 3～4 mm，熟时亮红色。

野生草珊瑚常生长于海拔 400～1 500 m 的山坡、沟谷常绿阔叶林下阴湿处。适宜温暖湿润气候，喜阴凉环境，忌强光直射和高温干燥。喜腐殖质层深厚，疏松肥沃、微酸性的砂壤土，忌贫瘠、板结、易积水的黏重土壤。草珊瑚多为须根系，常分布于表土层，采收时易连根拔起。根部萌蘖能力强，常从近地面的根茎处发生分枝，植株呈丛生状。

三、栽培与管理技术

(一)种苗繁殖

草珊瑚常见的繁殖方式有扦插繁殖、种子繁殖、分株繁殖，具体如下：

1. 扦插繁殖

3—4 月，从生长健壮植株上选取 1～2 年生枝条，剪成带 2～3 节，长 10～15 cm 插穗，捆成小把，将基端置于 0.05 mL/L 生根粉溶液中浸泡 2～3 min，或在 1 mL/L 萘乙酸溶液中快蘸后扦插。插穗处理后，在准备好的苗床上，按株行距 5 cm×20 cm 斜插入土，土面留 1 节，压紧，浇透水。如果苗床郁闭度小，最好搭设遮阳棚，经常保持苗床湿润。扦穗后 30 天左右，扦插生根，开始萌芽。成活后，注意松土除草，适时追施稀速效肥，促进幼苗生长。培育 10～12 个月，即可出圃定植。

2. 种子繁殖

10—12 月份果实红熟时，将其采回，用细湿沙拌和（种子∶湿沙＝1∶2），在室内干燥通风处堆藏，或将其装入木箱，置室内通风处贮藏，翌春 2—3 月，取出种子播种，种子播种前最好磨去种皮。在整好的苗床上，按行距 20 cm 开深 2～3 cm 的播种沟，将种子均匀播于沟内，用火土灰或细土覆盖，以不见种子为度，畦面盖草，并搭盖荫棚。播种后约 20 天出苗，及时揭去盖草。如果苗期管理精细，当年 11—12 月可出圃定植。

3. 分株繁殖

在早春或晚秋进行。先将植株地上部分离地面 10 cm 处割下入药或作为扦插材料，然后挖起根蔸，按茎秆分割成带根系的小株，按株行距 20 cm×30 cm 直接栽植大田。栽植后需连续浇水，保持土壤湿润。成活后注意除草、施肥。此法简便，成活率高，植株生长快，但繁殖系数低。

（二）栽植技术

苗木一般在当年 11—12 月或翌春 2—3 月起苗移栽。在整好的畦上，按株行距 20 cm×30 cm 定植，并浇透定根水。成活后，需及时加强抚育管理。

（三）田间管理

1. 查苗补苗

移栽后要及时查苗补苗，草珊瑚一般按 8 cm 株距补缺，杜绝 10 cm 以上的缺苗和断垄，如发现死苗缺株，要带土补栽。栽植深度以“上不埋心，下不露白”为宜，栽后浇水，以利于成活。

2. 中耕除草

苗期要及时清除田间杂草，并适当进行中耕松土，一般每年中耕 3～4 次，保持土壤疏松，田间无杂草，避免杂草生长吸收土壤养分，导致水肥资源消耗，确保田间清洁，消除各类病虫害寄生的场所，这样能提升草珊瑚的种植质量。

3. 灌溉排水

定植后要经常保持土壤湿润，如遇干旱，要及时灌溉浇水。多雨季节，如田间积水，要及时排水，以免引起烂根。

4. 追肥

草珊瑚喜肥，实际施肥环节需要根据草珊瑚生长情况来进行控制，施肥中需要突出重点位置，需要对其根部以及叶面位置进行施肥。春季萌发期至开花前可施入稀薄的氮、磷、钾复合肥液1～2次，这样能使草珊瑚保持良好的生长形态。在枝叶抽梢生长的关键阶段，需要定期添加磷酸二氢钾对草珊瑚叶面及叶背面进行喷洒施肥。秋季果期前后应再施肥1次，单次施肥量需要进行控制，不能将肥料直接施加在草珊瑚的根系部位，避免损伤其根部。一般每年春、夏季各追肥1次，每亩施尿素6～7 kg，氯化钾2～3 kg，兑水浇施，冬季结合培土，施1次有机肥于植株根际，提沟边泥土覆盖肥料，既可保温防寒，又可促进翌春植株早生快长。

5. 田间遮阴

草珊瑚耐阴性强，喜漫射光，一般选常绿阔叶林下种植，阔叶林郁闭度在0.6～0.8为宜。种植过程中，种植人员需要对林木实际郁闭度进行分析，如果郁闭度过大需进行间伐，郁闭度太小需及时补种树木或采用遮阳网来改善原有的光照环境，这样能使草珊瑚实际产量和成活率提升。此外，草珊瑚也可在无荫蔽条件的山坡、排田种植或是利用间作玉米等高秆作物适当遮阴进行田间种植。

(四)病虫害防治

草珊瑚刚从野生转为栽培，抗病虫能力较强，尚未发现为害较重的病虫害，在这种情况下无须防治。但如果田间遮阴条件差，在阳光强烈的夏季，会出现叶尖或叶缘有枯斑，严重的全叶枯焦等不同程度的叶片灼伤现象，此时可采用灌水降温，改善遮阴条件等措施，以减轻危害。

从草珊瑚种植及其整体生长过程来看，主要病虫害有褐斑病、根腐病、软腐病和炭疽病。在草珊瑚移栽时，尤其要注意根腐病、软腐病的防治，拔苗前要淋透水，减少拔苗时根部损伤，植后即浇定根水。苗圃期间要注意拔除杂草。对于炭疽病、尾孢类叶斑病这类病原菌为真菌的病害，除了田间管理措施之外，在相应病虫害多发季节，通过喷洒1∶1∶120波尔多液、50%多菌灵可湿性粉剂800倍液、50%甲基托布津乳油1 000倍液等药液进行防治，比如草珊瑚炭疽病多发于春季，其他季节少见，可选择在春季对草珊瑚叶片按推荐浓度喷洒以上杀菌剂。尾孢类叶斑病多发于5—6月，其他季节未见，可在此时期喷洒杀菌剂进行防治。

四、采收与加工技术

(一)采收

草珊瑚叶片有效成分含量比根茎高，因此，在生长期中，可将植株下部浓绿的老叶摘下(采叶可以在秋季植株生长较快的时节进行)，采收应该分期分批进行，最好的采收时间是晴天的上午9点以前，或者下午气温较低、无露水的情况下采收。采收后进行初选，剔除病烂叶，采摘后的草珊瑚不能受太阳直射，洗净晒干后可入药。

草珊瑚植株以秋季收割为主要采收方式，收割位置需要进行控制，一般情况下将植株从离地面5～10 cm处割下，洗净晒干即可入药。一般定植当年，每亩可产干品200～300 kg，以后产量可逐年增高，最高每亩可产600 kg以上。

(二)加工

以上采收的草珊瑚叶片和植株,可以洗净晒干后入药,也可以将其加工成浸膏,售予制药厂作为生产中成药的原料。

(三)产品质量标准

药材以无杂草、无泥沙、无虫咬、无霉变者为佳。

迷迭香

一、概述

迷迭香又名万年老、情人草，是唇形科迷迭香属灌木。迷迭香是一种名贵的天然香料植物，生长季节会散发一种清香气味，有清心提神的功效，茎、叶和花具有宜人的香味，花和嫩枝提取的芳香油可用于调配空气清洁剂、香水、香皂等。还能改善语言、视觉、听力方面的障碍，增强注意力，治疗风湿痛，强化肝脏功能，降低血糖，有助于动脉硬化的治疗，帮助麻痹的四肢恢复活动能力。主产于江西、山东以及南方大部分地区，江西主要在丰城、宜丰、万载、金溪、兴国、瑞昌等地有栽培。

迷迭香品种主要分为 2 类：直立迷迭香和匍匐迷迭香，江西主要栽培直立迷迭香。

二、形态特征及生物学特性

(一)形态特征

迷迭香株高 1 m 左右。茎及老枝圆柱形，皮层暗灰色有不规则纵裂和块状剥落。幼枝四棱形，密被白色星状细绒毛。叶常在枝上丛生，具短柄或无柄，叶片线形，长 1.5～3.5 cm，宽 2～5 mm，边缘反卷，灰绿色革质，干燥后呈针状。花近无梗，对生或聚集在短枝顶端组成总状花序，花冠白色、蓝紫色，二唇形。花期自秋季至翌年夏季。果实为很小的球形坚果，卵圆或倒卵形，种子细小，黄褐色。

(二)生物学特性

耐旱、耐盐碱，但不耐涝，一般在干燥、排水良好、光照充足的地方生长良好。性喜温暖气候，生长适温为 9～30 ℃，在 20 ℃左右的环境条件下生长旺盛。北方寒冷地区冬季应覆土护根，以利于越冬。迷迭香每年 2 次生长高峰，2—6 月为第一个生长高峰，夏季进入高温期后，有浅度休眠现象，9 月中旬至 11 月底为第二个生长高峰，12 月至翌年 1 月为半休眠期，生长缓慢，但可正常越冬。

三、栽培与管理技术

(一)繁殖技术

常有扦插、种子、压条等繁殖方法，生产上一般采用扦插进行繁殖育苗。

1.扦插育苗

扦插法是繁殖迷迭香既快又好的方法。取当年生半木质化枝条 10～15 cm，插于消过毒的河沙中(水插也可，但生根较慢)，10～15 天即可生根，1 个月后可上盆或地栽。3—4 月是扦插最易成活的时期，成活率在98%以上。冬插需有保温保湿措施，夏季扦插虽然生根速度快，但下端易腐烂，成活率不高。若使用激素处理，高温天气宜用高浓度速蘸法，气温较低时也可用低浓度浸泡法，均能明显促进插条生根。

2. 播种育苗

一般在4月中旬播种，因种子细小，价格昂贵，一般播于育苗盘内，以湿砻糠为基质，拍紧压平，上覆一层过筛的细培养土，拍平后撒播种子，再用木板轻轻压实，使种子与泥土结合，易于吸水萌动。然后将育苗盘置于棚内，保持苗床气温在20 ℃左右，盘内保持略湿，一般25天左右出苗。再经25～30天，苗高7 cm时可定植于棚内。株行距33 cm×20 cm，套沟定植，以利于浇水、追肥、松土、除草。

3. 压条育苗

压条繁殖主要利用迷迭香茎上能产生不定根的特性，把植株接近地面的枝条压弯覆土，留顶部于空气中，待长出新根，从母体剪下，形成新的个体，定植到露地。由于迷迭香老枝木质化速度很快，为了得到株形好、冠幅大的植株，可选用压条法，此法成活率100%，但繁殖时间长，枝条从生根到脱离母株需4～6周，繁殖数量少。

(二)选地整地

1. 耕地

耕地深度为20～30 cm，耕地时要剔除杂草根，有条件时用芽前化学除草剂防除田间杂草。

2. 平地垄畦

种植迷迭香的田地要求基本平整。为方便排水，要求沟道深20～30 cm，宽20 cm以上，畦宽度以1.2～1.5 m为宜，太宽不便于浇水，太窄则降低土地利用率。

(三)田间管理

1. 移栽定植

当苗长至6～8片真叶时即可移栽定植。种植地应选择土层深厚，排水良好，pH在6.5～7.5，有机质含量高的土壤。移栽苗是扦插成活的母苗，定植时株行距为40 cm×40 cm，每亩的种植量为4 000～4300株。移栽时最好选择在雨天、阴天和早晚光照不强的时候。移栽后要及时浇足定根水，浇水时苗若有倾倒则要及时扶正。缓苗后主茎长至15 cm时可摘心促使其发侧枝。第1年由于植株生长量小，株行距较宽，因此可与花生、大豆等作物进行套种。

2. 施肥

迷迭香较耐瘠薄，幼苗期根据土壤条件不同在中耕除草后施少量复合肥，施肥后要将肥料用土壤覆盖，每次收割后追施1次速效肥，以氮、磷肥为主，一般每亩施尿素15 kg，普通过磷酸钙 25 kg。

3. 除草

迷迭香为亚灌木，其生长速度不如杂草，要勤除杂草，确保迷迭香光照充足，通风透气。

4. 修剪

迷迭香种植成活后 3 个月就可修枝，修枝的目的一是让其充分分枝，提高产量，迷迭香越修越发，每剪 1 枝可发 2～4 枝；二是控制其生长高度，植株长得过高容易倒伏和折断。枝条修剪标准应以确保侧芽生长为好，以植株生长成圆锥形为最佳。每次修剪下的枝条都可用于提炼产品。

（四）病虫害防治

迷迭香病虫害极少，目前观察到以下几种病虫害。

1. 猝倒病

高温、光照不足是发病的重要原因，可用 58%瑞毒霉·锰锌可湿性粉剂600 倍液喷雾防治，隔 1 周喷 1 次，连喷 2～3 次。

2. 叶枯病

多发生在叶片上，多从叶尖、叶缘开始。病斑初为黄褐色圆斑，后变为暗褐色，有黑色粉状物，叶片受害后，容易脱落。防治方法：喷施 50%百菌清可湿性粉剂 1 000 倍液或 50%多菌灵可湿性粉剂 500～600 倍液。

3. 菜青虫

幼虫咬食寄主叶片，2 龄前仅啃食叶肉，留下一层透明表皮，3 龄后蚕食叶片，形成孔洞或缺刻，严重时叶片全部被吃光，只残留粗叶脉和叶柄，造成绝产。可用 2.5%鱼藤酮乳油或 50%辛硫磷乳油 1 000 倍喷雾防治。

四、采收与加工技术

迷迭香一次栽植，可多年采收。视生长情况，每年可采收 3～4 次，每亩每次采收鲜枝叶 250～350 kg。如果采收的植株过小，费工费时，效益低；采收的植株过大，则植株木质化程度高，有效成分含量低，影响提取精油及抗氧化剂的产量、质量，应按照丰产优质的采收标准进行采收。采收后要加强肥水管理，结合人工除草及时浇水施肥，补施复合肥，为下一次采收奠定基础。迷迭香的采收标准：

（一）采收枝叶的部位

从顶端向下，茎上会出现 1 个由绿白色变为黑色的变色点，此点刚好是木质部、韧皮部开始木质化的分界线，从顶端至变色点（20 cm 左右）即为最好的嫩枝叶加工原料。

（二）采收时的外观色泽

以采收新鲜嫩枝叶为原则。枝叶采剪后不宜超过 2 天就应进行加工。

(三)采收季节

一般 3 月至 11 月上旬均可采收。冬季 11 月中旬到翌年 2 月不宜采收,应以保苗及加强肥水管理为主。

杜 仲

一、概述

杜仲为杜仲科多年生木本植物，以干燥的树皮入药，药材名为杜仲、绵杜仲、丝连皮等。杜仲性温，味甘，微辛。具补肝肾、强筋骨、安胎、降血压等功效。主治腰酸膝痛、筋骨无力、肾虚阳痿、肝肾不足、经血亏虚、肝阳上亢、眩晕头痛、目昏等症。

杜仲主产于四川、湖北、贵州、云南、河南、陕西、甘肃、浙江、江西等地，江西吉安、都昌等地均有种植。

二、形态特征及生物学特性

杜仲为落叶乔木，树高 10～20 m。树干通直，枝条斜向上伸。每年 3 月萌动，4 月出叶同时现蕾开花，10 月果实成熟，10 月后开始落叶休眠，11 月进入休眠期，年生育期 160～170 天。杜仲再生能力较强，其根砍伤后，便可萌发新根蘖，茎枝扦插、压条都易形成新个体，在不损伤木质部的前提下，环剥茎皮，3 年便可恢复正常生长。杜仲的适应性很强，可生长于海拔 200～2 500 m 的平原或高山，喜温暖湿润、阳光充足的环境，在荫蔽环境中树势较弱，甚至死亡。成株可耐 −21 ℃ 低温。杜仲喜湿润气候，年降水量 600 mm，相对湿度 70%以上的地区适合种植。杜仲对土壤的适应性较强，pH 为 5.5～8.5 的土壤均可，但仍以土层深厚、肥沃、疏松、排水良好的砂壤土最适合。

1.果枝　2.雄花　3.雌花
4.种子　5.树皮(示胶丝)

三、栽培及管理技术

(一)苗木繁殖

杜仲可用种子、扦插、伤根萌芽、余根等方法繁殖。种子繁殖方法简便实用，故生产上多采用此法。

1.种子繁殖

(1) 苗圃的选地与整地。苗圃选择向阳、肥沃、土质硫松、富含腐殖质、以微酸到中性壤土或砂壤土为好。酸度过高可撒入少量石灰以降低土壤酸度。春播于立冬前深翻土地，立冬后浅犁施入基肥。每亩施腐熟的有机肥 3 000 kg、草木灰 150 kg，与土混匀、耙平，做成高 15～

20 cm、宽 1～1.2 m 的高畦。低洼地区要在苗圃四周挖好排水沟。

(2)种子选择与处理。杜仲种子属短命种子,在常温下只能贮存半年,超过 1 年便丧失发芽能力。播种前选出籽粒饱满、成熟度好的种子。由于杜仲果皮含有胶质,阻碍水分的吸收,因此未处理的种子发芽率低。种子处理方法有:①层积法。将种子与干净湿砂混匀或分层叠放在木箱内。经过 15～20 天,种子露白后即可播种。②热水浸泡法。先用 60 ℃的热水浸种,不停搅拌到水冷却后,再用 20 ℃的温水浸泡 2～3 天,每天换水 2 次,待种子软化后,捞出晾干再播种。③浸泡层积法。先用清水浸泡 2～3 天,捞出,与湿沙混合堆放,覆盖塑料薄膜保湿,待种子露白后播种。

(3)播种方法。一般以春播为主(也可在每年冬季 11—12 月播种),春季 2—3 月,月平均温度达 10 ℃以上时播种,将已处理好的种子在苗圃地上按 20～25 cm 的行距条播,开沟深 2～4 cm,种子均匀撒入后,覆盖 1～2 cm 的疏松肥沃细土。浇透水后盖一层稻草,保持土壤湿润,以利于种子萌发。幼苗出土后,于阴天揭除盖草。每亩用种量 7～10 kg,可出苗 2 万～3 万株。

2. 扦插繁殖

选择当年新生、木质化程度较低的嫩枝作插穗,扦插前 5 天剪去顶芽,这样可使嫩枝生长得更加粗壮,扦插后也容易发根。插穗剪成 6～8 cm 长,每枝只保留 2～3 片叶,插入湿沙 3 cm,插后每天浇水 2～3 次,经 15～40 天可长出新根,并及时移入苗圃地,培育 1 年后定植。

3. 伤根萌芽繁殖

将 10 年生以上、长势良好的大树根皮挖伤,覆土少许,在根皮伤口处便能萌生出新苗,1 年后即可将其挖出移栽。

4. 压条繁殖

将杜仲下部萌发幼嫩枝条埋入土中 7～13 cm,枝稍露出地面,枝条埋在地下部分便能萌发出新根,第二年挖出便可移栽。

5. 余根繁殖

苗木移栽时,从主根下端 2/5 处挖断,再将上面的泥土刨走,使断根的上端稍露出土面,随后平整苗床,余根上会抽出新苗。经过 1 年后可移栽定植。

(二)栽植技术

1. 选地整地

定植地的选择与整理。杜仲可零星或成片栽植,田边、地角、路旁、房前、屋后都可零星种植。成片营林,最好选择土层深厚、疏松肥沃、酸性或微碱性土壤、排水良好的向阳缓坡、山脚、山的中下部地段,在石灰岩山地或肥沃的酸性土壤上都生长较好,在低洼涝地不宜种植。定植前清理好土地,除去杂草、灌木及石块等杂物。深翻土壤,施足底肥,耙平,按株行距 2 m×3 m 挖穴,深 30 cm、宽 60 cm,穴内施入少许厩肥、饼肥、过磷酸钙、骨粉、火土灰等基肥少许,与穴土拌匀,等待定植。

2. 定植

秋季苗木落叶后至次年春季新叶萌芽前可将幼苗移出定植,将健壮、根系发育得较好、无严重损伤的苗木置于穴内,使根系舒展,再逐层加土踏实,浇足定根水,最后覆盖一层细土,以减少水分蒸发,有利于成活。

(三)田间管理

1. 苗圃管理

杜仲幼苗不耐干旱,在苗出齐后于阴天将盖草移到行间,并保持土壤湿润。多雨季节要清理好排水沟,及时排除积水,以免土壤过湿,影响幼苗生长。除草要做到随生随除,保持苗圃无草。中耕3~4次,在幼苗长出3~5片真叶时按6.6~8.5 cm株距间苗、补苗,拔除弱苗、病苗。间苗后应及时追肥,4—8月为杜仲追肥期,每次每亩用尿素5~10 kg,加水稀释后施入,每隔1个月追肥1次。立秋后追施草木灰或磷肥、钾肥5 kg,以利于幼苗生长和越冬。

2. 定植园管理

定植当年要经常浇水,保持土壤湿润,每年春、夏季中耕除草一次,将杂草晒干后埋于根际附近作肥料。结合除草,每亩每年追施有机肥2 000 kg,另加过磷酸钙20~30 kg、复合肥20 kg,秋冬季节结合园地深翻施基肥,亩施腐熟有机肥2 000 kg。如有条件,可以施用杜仲专用肥,施用专用肥能极显著地促进杜仲树高、树径的生长及树体的生物量,而且专用肥具有较长的后效。

定植后3~5年植株较小,林间可套种豆类、玉米或其他矮秆作物或药用植物,既充分利用土地和空间,又能增加土壤肥力,有利于田间管理。以后随着植株逐渐长大,就不宜套种。

主干发育正常的杜仲树,要适当疏剪侧枝,使其通风透光,分布均匀。修剪工作多在休眠期进行。侧枝保留多少,要根据生长年限和主干高度而定。应逐年向上修剪,一般植株在5 m以下不保留侧枝,并随时打去树干上的新枝,使主干高大,树木成材,杜仲皮质量好。

为获得通直的主干,对定植一年生的苗,弯曲不直的可于春季萌动前15天将主干剪去平茬。平茬部位在离地面2~4 cm处,平茬后剪口处的萌条,除留一粗壮萌条外,其余除去。留下的萌条在生长过程中腋芽会萌发,必须抹去下部腋芽(苗高1/3~1/2)。

(四)病虫害防治

1. 立枯病

为害幼苗。在4—6月多雨高湿季节,易使出土不久的幼苗在近土面的茎基部变褐腐烂,收缩干枯,立即倒伏。防治方法:①发病初期浇灌40%甲醛100倍液。②注意排水,降低田间湿度。③发现病株立即拔除,病穴浇灌福尔马林1 000倍液。

2. 叶枯病

为害叶部。发病初期叶片上出现黑褐色斑点,严重时枯死。防治方法:①发病初期喷1∶1∶100波尔多液,每7~10天喷1次,连喷2~3次。②清洁田园,及时清除病枝残叶,集中烧毁。

3. 地老虎

为害幼苗。防治方法:可用90%晶体敌百虫1 000倍液拌毒饵或堆草进行防治。

4. 木蠹蛾

幼虫蛀食树干木质部，造成空洞。防治方法：可用药棉浸 60% 吡蚜·呋虫胺水分散粒剂 1 000 倍液，塞入蛀孔熏杀。

5. 刺蛾

又名洋辣子，有黄刺蛾、绿刺蛾和扁刺蛾 3 种，夏、秋季以幼虫咬食叶片。防治方法：①发生期用 90% 晶体敌百虫 1 000 倍液或用青虫菌粉 500 倍液加少量 90% 晶体敌百虫喷杀；②田间悬挂黑光灯诱杀成蛾；③冬季消灭虫茧。

四、采收与加工技术

(一) 采收

1. 整株采收

采收季节在 4—7 月，先在地面处锯一环状切口，深达茎的木质部，按商品规格所需长度向上量，再锯一环状切口，并用利刀纵割一刀，用竹片剥下树皮，然后砍倒树木，按前法继续剥皮，剥完为止。

2. 环剥采收

(1) 环剥时期及气候。环剥时期，5 月上旬至 7 月上旬。环状剥皮除选择适当时期外，还应注意天气。在雨天剥皮，暴露在木质部表层的细胞会吸水胀破或滋生病菌，不能很好地形成新皮（剥皮后 5 h 要避免雨害）；在晴天剥皮，未成熟的木质部细胞会直接暴露在烈日下，使水分急剧蒸腾而脱水或被紫外线灼伤，不能形成新皮。因此，阴而无雨的天气进行环剥最好。

(2) 环剥方法。选择长势旺盛的杜仲树，先在树干分枝下面横割一刀，再纵割一刀，呈"T"形，深达韧皮部，但不要伤害木质部，然后橇起树皮，沿横割的刀痕向下撤至离地面 10 cm 处，再割下树皮。剥皮时动作要轻，不能戳伤木质部外层的幼嫩部分。更不能用手触摸，否则木质部会变黑死亡。10 年生杜仲环剥后经过 3 年新皮能长到正常厚度，又可再行剥皮。

3. 树叶采收

在年周期中，杜仲叶具有次生代谢物生长积累的动态变化。绿原酸含量以 6 月、11 月最高，5 月最低；桃叶珊瑚苷在 6 月、11 月含量最高，7 月、8 月最低；京尼平苷酸在 6 月含量最高，5 月、11 月最低；总黄酮以 5 月含量最高，10 月最低；杜仲胶含量以 5—6 月最高，以后逐渐下降。次生代谢物含量与树体年生长速率存在一定关系。可以根据不同需要，选择不同时间，采摘树叶，拣去枯枝烂叶即可。

（二）加工

剥下的树皮用开水烫后，叠放在垫草的平地上，上盖木板，加石块压平，四周覆盖稻草使其“发汗”。1 周后杜仲的内皮变为黑褐色或紫黑色，取出晒干，刮去粗糙表皮即可分级。

厚朴

一、概述

厚朴为木兰科落叶乔木,以干燥树皮及根皮入药,有温中理气、燥湿消痰等功效,主治胸腹胀痛、寒湿积滞、腹痛泻痢及喘咳等症。厚朴分布于四川、湖北、陕西、甘肃、云南、贵州、广西、江西等地。

二、形态特征及生物学特性

厚朴为落叶乔木,树高 15～20 m,树干通直。树皮灰褐色,平滑,具细纵条纹。顶芽大,窄卵状圆锥形,具黄褐色毛。小枝粗大,具环状托叶痕。单叶互生于枝顶,椭圆状倒卵形,长 20～45 cm,宽 10～20 cm;叶脉 20～40 对,于背面隆起;叶缘微波状,表面绿色,无毛,背面有弯曲毛及白粉;叶柄较粗,长 3～4 cm。花大,白色,与叶同时开放,单生于枝顶;花被 9～12 片,肉质;雌、雄蕊多数,螺旋状排列于伸长的花托上。聚合蓇葖果,圆柱状椭圆形或卵状椭圆形。种子三角状倒卵形,外种皮红色。花期 4—5 月,果期 10—11 月。厚朴树皮厚,紫褐色,有辛辣味。

厚朴分布区年平均气温 14～20 ℃,1 月平均气温 3～9 ℃,年降水量 800～1 400 mm。厚朴为喜光的中生性树种,幼龄期需荫蔽;喜凉爽、湿润、多云雾、相对湿度大的气候环境。在土层深厚、肥沃、疏松、腐殖质丰富、排水良好的微酸性或中性土壤上生长较好。常混生于落叶阔叶林内,或生于常绿阔叶林缘。根系发达,生长快,萌生力强。5 年生以前生长较慢,20 年生高可达 15 m,胸径可达 35 cm,15 年开始结实,20 年后进入盛果期,寿命可长达 100 余年。

三、栽培与管理技术

(一)种苗繁殖

厚朴既可种子繁殖,也可扦插繁殖,生产实践中以种子繁育为主。

1. 种子采集及处理

10 月份果鳞露出红色种子时,采下果实,选果大、种子饱满、无病虫害的果实,以备采集种子用于秋季播种。育苗时,将从果实中采集的种子混拌粗沙,反复揉搓,除去种皮红色蜡质后,立即播种。如计划春季播种育苗,则应将采下的果实装入麻袋,挂阴凉通风处贮存,忌将果实与种子分离。春季播种前把种子从果实中取出，用棕片包裹，放入冷水中浸泡 2 天，再用粗沙搓掉种皮外红蜡，洗净种子，即可播种。种子需要外运时，应将采集的果实日晒 2～3 天后装袋，不脱粒，以免降低种子发芽率。

2. 育苗地选择

应选择交通方便、排灌水方便的地段。要求土层深厚肥沃，通透性强，保水保肥性能好，pH 为 4.5～6.7 的微酸性砂壤土为好。

3. 苗圃地处理

播种前 15 天，结合整厢做床并用薄膜覆盖消毒，用量为生石灰每亩 100 kg、40%福尔马林 400 倍液每亩 300 kg。播种前 7～10 天施足基肥，每亩用量为有机肥 2 000 kg、过磷酸钙 50～100 kg，并将土肥翻耕混均。

4. 播种

春播，2 月中、下旬开始，在雨后或阴天进行，晴天或土壤过于干燥时，播种后要浇水保湿。多采用撒播，撒播后要覆土，厚度为种子厚度的 3～4 倍，以土面看不到种子为宜，播种量为每亩 10～15 kg。秋播，在采种并去掉外种皮、消毒后进行，其他操作与春播相同。

5. 苗床管理

(1)中耕除草。以人工拔除为主，做到“除早、除小、除了”。

(2)施肥。5 月初当苗木长出 2 片真叶时，进行第一次追肥，用 0.3%尿素溶液浇灌，以后每隔 10～15 天追施 1 次尿素，用量为每亩 2～3 kg。7 月份干旱来临前要追施磷钾肥，以增强苗木的抗旱性，促进苗木木质化，过磷酸钙用量为每亩 5～8 kg、氯化钾每亩 3～4 kg 或磷钾复合肥每亩 8～10 kg。

(3)浇水排涝。厚朴苗木对土壤水分含量要求较高，既不能十分干旱，也不能积水成涝，要注意干旱时及时浇水，以保证苗木的顺利生长，雨季积水时及时排涝，以免烂根。

(二)栽植技术

1. 造林地的选择

厚朴为喜光树种，喜温和湿润的气候，高温、干旱对其生长均不利，荫蔽环境下生长缓慢，宜栽种于阳光充足的坡地。厚朴对土壤要求不严，以土层深厚、疏松肥沃、富含腐殖质、呈中性或微酸性的砂壤土为好，而在黏重、积水、石砾土和盐碱地均不宜栽培。

2. 造林地整理与造林密度

栽前应对造林地进行细致的整地。整地应采用全垦挖大穴的形式，穴径规格 50 cm×50 cm×30 cm。栽植前应施足基肥，山地栽植时应尽量将地表疏松肥沃表土填入栽植穴或用农作物秸秆回填。株行距初植可确定为 1.5 m×2 m 或 2 m×2 m，栽植 6～10 年后林木郁闭度达到 0.6 以上时，采用隔株间伐，使株行距成为 3 m×3 m 或3 m×4 m，以利于保留林木正常生长，增加早期收入。

3. 栽植季节及苗木选择

秋季或春季栽植均可，以秋末冬初栽植最佳特别是水源较远，灌水不便的地方，更应以秋季栽植为主。此时土壤墒情好，地下温度较高，有利于苗木根系恢复，提高苗木成活率。厚朴造林苗木应选择 1～2 年生健壮无病虫害的优质苗。栽植时根部应伸展，入土深度较原土壤深 5～8 cm；栽后覆土踏实，干旱地要浇灌定根水，然后再盖一层松土，高出地面，以防雨季积水。

(三)田间管理

1. 以耕代抚

厚朴定期植后 1～3 年，林间空隙较大，可间作一些豆类、麦类等矮秆作物。通过耕作铲除杂草，充分利用地力，有利于苗木生长。

2. 中耕除草与施肥

定植后最初几年，可结合间作套种进行中耕除草与施肥。林地郁闭后，可不再每年中耕除草但应春冬两季铲除植株树盘内的杂草，并进行施肥培土。中耕时不宜过深，应以 10～15 cm 为宜，以免伤根。

3. 划树增皮

对生长 15 年以上的厚朴，可于春季用刀将树皮纵向斜割 2～3 刀，深达木质部，使养分积聚、树皮增厚。

4. 间伐透光

生产中可推广实施间伐除萌技术，一是伐劣留优，伐除衰弱木、病虫木、枯立木，保留健壮木，降低林地密度，使林木株行距保持为 3 m×3 m 或 3 m×4 m，对间伐木进行剥皮利用。二是及时除萌抹芽，对间伐后短期内萌发的大量根蘖枝条，要及时进行除萌抹芽，一般保留 1～2 个生长良好的萌芽条为新植株后，抹除其余全部萌蘖条；及时挖取没有保留价值的根桩并剥皮利用。三是清除杂草杂灌，每年割灌抚育 2 次，以利于通风透光，提高厚朴树体生长速度。

(四)病虫害防治

厚朴林地主要病虫害为立枯病、根腐病、叶枯病和天牛。

1. 立枯病

可用 70%甲基托布津可湿性粉剂 800～1 200 倍液或 50%多菌灵可湿性粉剂 1 000 倍液进行喷雾防治，同时注意加强施用磷钾肥，促使苗木健壮生长，增强抗逆性。

2. 根腐病

由镰刀菌引起，以苗期 6—8 月发病严重，病苗根部发黑腐烂，呈水渍状，以致全株枯死。防治措施和方法有：①排水防涝；②苗期发现病株时，应及时拔除烧毁，并施石灰对其根部周围土壤消毒，以防止蔓延；③播种前用 0.1%高锰酸钾溶液浸种、消毒；④发病初期用 50%多菌灵可湿性粉剂 1 000～1 500 倍液在根部浇灌。

3. 叶枯病

又名枯斑病，是一种由半知菌引起的病害，主要为害叶片，发病初期病斑呈黑褐色，圆形，逐渐扩大密布全叶，最后干枯而死亡。防治措施：冬季扫除病叶枯枝，并集中烧毁，以减少病原；从 6 月下旬发病初期到 10 月间，喷洒 1∶1∶120 的波尔多液或 50%多菌灵可湿性粉剂 500

倍液，每隔 7～10 天喷洒 1 次，视病情连续喷 2～3 次。

4. 天牛

蛀干害虫，幼虫最初在树皮下穿凿不规则的坑道，常蛀食枝条周围，使枝条枯死，稍成长后，则蛀入木质部，把蛀屑排出孔外，使被害植株逐渐衰弱，终致枯死。防治方法：冬季清除田间枯萎有虫枝条，人工捕捉幼虫或集中烧毁或沤肥，有效压低越冬基数；发现枝干外挂虫粪时，用尖锐铁丝斜刺 3～5 次，对枝干中为害的天牛幼虫刺杀率很高；5—7 月捕杀成虫，并在树干上裂口处刮除卵粒，减少虫口数量；幼虫蛀入木质部后，用 50%辛硫磷乳油，按 1∶1稀释，然后用棉球蘸取药液，塞入蛀孔内，或用注射器将药液注入虫孔内，虫孔用黄泥封闭，毒杀幼虫。

四、采收与加工技术

(一)采收

符合药用标准的厚朴皮是 15 年以上的，无论一次性伐树剥皮还是活立木再生剥皮，在树液流动快的 5 月份最适宜。砍树剥皮，按 40～60 cm 长度环剥干皮和枝皮。不进行林木更新的可挖根剥皮。

(二)加工

将剥下的皮，用沸水烫软，直立放在房内和木桶内，覆盖棉絮、麻袋等使之发汗。在 25～27 ℃下，经 1 周左右，待皮内侧或横断面变成紫褐色或棕褐色并出现油润和光泽时，将每段树皮卷成双筒，用绳捆紧，削齐两端晒干即成。小根皮和枝皮晒干即可。厚朴皮来自不同部位，也有不同名称，根皮为“根朴”，干皮为“筒朴”，根颈皮为“脑朴”，枝皮为“枝朴”。应各自分级定等，前三种品质较优。由于药效成分有挥发性，通常新货比陈货好。

(三)产品质量标准

水分不得过 15.0%，总灰分不得过 7.0%，酸不溶性灰分不得过 3.0%。含厚朴酚($C_{18}H_{18}O_2$)与和厚朴酚($C_{18}H_{18}O_2$)的总量不得少于 1.6%。

黄 柏

一、概述

别名黄檗、黄柏皮、黄树皮、小黄连树、灰皮树等，为芸香科植物黄皮树或黄檗的干燥树皮。前者习称“川黄柏”，后者习称“关黄柏”。性味苦、寒，有清热燥湿、泻火除蒸、解毒疗疮的功效。用于湿热泻痢、黄疸尿赤、带下阴痒、热淋涩痛等症，现代主治急性细菌性痢疾、急性肠炎、急性黄疸型肝炎、风湿性关节炎、泌尿系感染、遗精、白带；外治烧烫伤、黄水疮等症。黄柏含多种生物碱，主要为小檗碱，并含少量黄柏碱、木兰碱、掌叶防己碱等，另含苦味质黄柏酮、黄柏内酯、黄柏酮酸等。其在江西主要分布于井冈山、万载、新干、武宁、分宜、遂川等地。

二、形态特征及生物学特性

(一)植物形态

黄皮树：乔木，高 10～12 m。树皮暗棕色，薄、开裂、无加厚的木栓层，内层黄色，有黏性。奇数羽状复叶对生；小叶 7～15 片，有短柄。矩圆状披针形至矩圆状卵形，长 9～15 cm，宽 3～5 cm，顶端长渐尖，基部宽楔形或圆形，不对称，近全缘，下面密生长柔毛。花序圆锥状；花序轴密生短毛；花单性，雌雄异株；萼片 5 片；花瓣 5～8 瓣。果轴及果枝粗大，常密生短毛。核果球形，浆果状，黑色。花期 5—6 月，果熟期 10 月。

黄檗：落叶乔木，高 10～15 m。树皮浅灰色或灰褐色，有深裂沟，木栓质很发达，内皮鲜黄色。奇数羽状复叶对生；小叶 5～13 片，卵状披针形至卵形，长 5～12 cm，宽 3～4.5 cm，顶端长渐尖，基部宽楔形，边缘有细钝锯齿，有缘毛，下面中脉基部有长柔毛。聚伞状圆锥花序顶生，雌雄异株；花小，核果浆果状，黑色，有特殊香气与苦味。花期 5—6 月，果期 9—10 月。

(二)生物学特性

黄柏适应性强，性喜凉爽湿润。苗期较耐阴，怕涝。成年树喜阳光，耐严寒。“关黄柏”比“川黄柏”更耐寒。在深厚、肥沃、富含腐殖质的土壤中生长迅速。种子有后熟的特性，在湿润条件下需经一段低温才能打破种子休眠。

三、栽培与管理技术

(一)种苗繁殖

1. 种子繁殖

黄柏大面积生产常采用种子育苗移栽法。

(1)采种。10—11 月采集成熟的果实，堆放屋角盖上草，经 10～15 天后取出，搓去果皮，放在水里淘洗，取出种子，阴干或晒干，置通风干燥处贮存。

(2)播种。春播和秋播。春播一般在3月中、上旬,播前用40 ℃的温水浸种24 h,以湿沙和种子3∶1的比例拌匀催芽,待种子裂口后开浅沟条播,条距25～30 cm,沟深约3 cm,播后覆土,耧平稍加镇压,浇水。每亩用种子2～3 kg。畦面可用稻草覆盖,保持土壤湿润,在种子发芽未出土前除去覆盖物,40～50天出苗。秋播在"霜降"至"立冬"(11—12月)进行,播前20天湿润种子至种皮变软播种,第二年春季出苗。

(3)移栽。生长一年,苗高50～90 cm时移栽。如长得过小,可再长一年移栽。冬季落叶后至翌年新芽萌发前,将幼苗刨出,剪去根部下端过长部分,也可带土刨出。如若造林,按行株距3 m×2 m挖穴,每穴1株,填土至一半时,轻轻向上提苗,使根部舒展后再把土填平,踏实、浇水。也可定植在沟边、路旁、屋后。

2. 分根繁殖

在休眠期,选择直径1 cm粗的嫩根,窖藏至翌年春解冻后扒出,截成15～20 cm长的小段,斜插于土中(不能露出地面),栽后浇水,促进发芽,一年后移栽。

(二)栽植技术

1. 选地整地

黄柏种植地应选在山坡土层深厚、向阳之处,房前屋后、溪边沟坎、荒山荒坡、自留山、自留地均可种植,尤以房前屋后、溪边、山坡下部生长良好。据调查,黄柏在坡度超过40°的地方仍能生长良好,其生长主要受土层厚度的影响,因此,土层不能太薄(土层厚度不小于30 cm)。如果土层较薄,栽植穴必须实行爆破。另外,低洼积水之处不能栽植。

2. 定植穴准备

荒山种植多采用全垦或带状整地,砍荒时间可放在秋、冬季农闲时进行。定植穴准备是黄柏速生栽培的第一个关键技术。

定植穴标准:长×宽×深=50 cm×50 cm×40 cm。

挖定植穴时,一定要将土壤全部挖起来堆放一边,将基肥均匀洒于其上,然后再将土壤回填到穴内,做到肥与土混匀。如果土层太薄,须进行爆破,将石块掏起来堆放一边,待其自然风化。

基肥标准:每穴用过磷酸钙0.2～0.5 kg,尿素0.05 kg或复合肥0.2 kg,有条件者可将草皮铲入穴内,以增加土壤有机质含量。

3. 栽植密度

黄柏为落叶阔叶树,复叶,树冠较大,再加上立地条件、管理水平不同,其生长势差异较大。一般在土层深厚、肥沃之处,尤其是房前屋后、自留地等可适当稀植,土壤较瘠薄的山上可适当密植。若考虑前期经济效益,则应适当密植;若考虑长远效益,则应适当稀植。黄柏纯林种植密度:株行距2 m×2 m,每亩栽植200株左右;林草(药、蔬菜等)间作种植密度:株行距2 m×4 m,每亩栽植100株左右。

4. 栽植要求

在栽苗时要求根系舒展,细土回填与根群紧密结合,根系不得在土里卷曲、上翘。覆土后踩紧压实,最后垄土应高于地面10～15 cm,如果穴内填有草皮等农家肥,垄土还应再高一些。

（三）田间管理

1. 间苗、定苗

出苗期经常保持土壤湿润。出苗后在苗高 7～10 cm 时，每隔 3～4 cm 留苗 1 株，在苗高 17～20 cm 时，按株距 7～10 cm 定苗，管理原则是去弱留强。

2. 中耕除草

播种后至出苗前，松土除草 1 次，出苗后至封垅前，中耕除草 2 次，使土壤疏松，地内无杂草。

3. 追肥

一般育苗地，除施足基肥外还应追肥 2～3 次。每次间苗或中耕除草后，每亩追施复合肥 20 kg。

4. 浇水

播后应经常浇水，使土壤保持湿润状态，以利于发芽。出苗后，若遇干旱，应及时浇水，勤松土。

5. 定植后的管理

定植后的半个月内应保持土壤湿润，以提高成活率。1～2 年内，夏、秋两季进行中耕除草。入冬前，在树周围挖沟施有机肥，每株 10～15 kg。4 年后，每隔 2～3 年追肥 1 次。剥皮后，应及时施肥、浇水、剪花，加强树势复壮。

（四）病虫害防治

1. 锈病

病原为真菌中的一种半知菌，为害叶部。发病初期，叶片上出现黄绿色近圆形斑，边缘有不明显小点，后期叶背面成橙黄色突起小斑。一般在 5 月中旬发生，6—7 月为害严重。

防治方法：发病期喷 0.1～0.5 波美度石硫合剂，也可用 25%三唑酮可湿性粉剂喷雾，40g/亩，每隔 7～10 天喷 1 次，连喷 2～3 次。

2. 花椒凤蝶

幼虫蚕食幼芽和嫩叶，影响植株生长和结果，使枝条扭曲变形，造成经济损失，5—8 月份发生。

防治方法：结合田间栽培管理，人工捕捉幼虫和蛹；保护天敌，利用寄生蜂等天敌抑制凤蝶的发生；幼虫期，喷施苏云金杆菌乳剂 600 倍液，或喷 90%晶体敌百虫 800 倍液，每 5～7 天喷 1 次，连续喷 2～3 次。

四、采收与加工技术

黄柏定植后 15～20 年即可采收。在 5—6 月，树液充足，形成层易剥离时，将树伐倒立即剥皮，截成 60 cm 长的段加工药用，较粗的枝皮也可入药。伐树取皮对资源破坏较大，近年采用环剥新皮再生技术，在夏季生长旺盛季节，树龄 10 年以上，胸径 30～50 cm 的树，用嫁接刀在树干的上、下端分别环剥一圈，再顺树干纵割至上下两端环割处，进刀深度要掌握在割断树皮又不损伤形成层，然后用力撬起树皮，轻轻撕下。注意用力不要过猛，以免损伤被剥皮后裸露的树干表面。操作时手和工具勿触及创面，以免影响新皮的生长。剥皮长度可依树势、树干长度和树态而定。剥皮后迅速用塑料薄膜包扎，内衬长于剥皮长度的小枝条或竹竿，防止膜贴在创面上，以利于新皮长出。3～5 年后，新皮与原皮厚度基本相同时可再次剥皮。剥下的树皮，趁鲜刮去外层粗皮，以显黄色为度。晒至半干，重叠成堆，压平，再晒干，即可入药。以身干、鲜黄、粗皮去净、皮厚者为佳。

参考文献

[1] 章承林,胡孔峰. 药用植物栽培技术. 北京:中国农业大学出版社出版,2014.

[2] 候春香,李德印,王开堂. 汉防己野生变种植开发利用与半人工栽培繁殖技术. 安徽农学通报,2017,23(13):126,129.

[3] 刘隆洪,项曙红,张亚平,等. 粉防己家种技术初探. 现代中药研究与实践,2005,19(4):20-21.

[4] 蔡仲希,龚千锋,聂小忠. 信前胡氮、磷、钾积累特征研究. 江西中医学院学报,2012,24(4):37-39.

[5] 饶宇,孙光敏. 前胡高产栽培技术. 农技服务,2016,33(2):49-28.

[6] 郑爱珍,张峰. 百合的繁殖方法. 北方园艺,2004(4):43.

[7] 郑慧慧,徐秀英. 中药材山药综述. 今日健康,2016,15(7):33,35.

[8] 涂伟凤,汤洁,涂玉琴,等. 江西山药生产现状及发展优势. 江西农业学报,2012,24(11):21-24.

[9] 母昌权. 山药的栽培技术. 农村实用技术,2019(9):30,40.

[10] 邓士杰. 白术栽培技术. 农技服务,2013,30(7):750-751.

[11] 李莉. 药用植物白术的林下栽培研究. 河北林业科技,2008(4):11-12.

[12] 卢郅凯. 白及的综合利用价值及繁殖栽培技术探讨. 南方农业,2019,13(28):10-13.

[13] 吴宇. 白及育苗栽培关键技术研究进展. 现代中药研究与实践,2018,32(6):79-83.

[14] 陈建桦. 中药材白及大苗培育方法与关键栽培技术. 大众科技,2018,20(10):65-67.

[15] 王生珍. 芍药的繁殖栽培管理技术. 农业与技术,2018,38(22):127.

[16] 陈惠. 白芍加工炮制对其化学成分的影响研究. 内蒙古中医药,2012(6):38-39.

[17] 王振,徐广力,候魁武,等. 白芍的特性及栽培技术. 吉林农业,2018(17):73.

[18] 郭锐,张斌,徐星华,等. 房县杭白芍引种栽培技术初探. 现代园艺,2019(23):69-70.

[19] 肖启银,高明文,张祯勇,等. 重楼栽培技术. 现代农业科技,2015(22):95-96.

[20] 张宝贤,王光明,谭德云,等. 桔梗优质高产栽培技术. 农业科技通讯,2013(4):234-235.

[21] 巩丽丽,石俊英. 桔梗近年来的研究进展. 时珍国医国药,2006(3):489-490.

[22] 李红平. 桔梗的栽培与加工. 农产品加工,2004(4):32 33.

[23] 周红英,李爱珍,孙立彦. 桔梗的丰产栽培. 时珍国医国药,2003(3):170.

[24] 赵珂. 丹参高产栽培技术要点. 南方农业,2019,13(11):33,37.

[25] 及华,张海新,李运朝,等. 丹参优质高产栽培技术. 现代农村科技,2019(8):108.

[26] 姜磊,田成玉,李军. 丹参栽培技术研究. 山东林业科技,2018,48(6):95-98.

[27] 唐锋. 半夏高产优质种植技术. 农家科技,2019(5):24.

[28] 陈文庆,魏莉霞.半夏高效种植技术.甘肃农业科技,2018(9):87-89.
[29] 朱树国,陶梅.半夏高产优质高效栽培技术研究.种子科技,2019,37(6):109,112.
[30] 张寿文.江西道地药材车前规范化栽培技术(GAP)及其优质高产的生理特性研究.南昌:江西农业大学,2004.
[31] 朱伍凤.药用植物黄精繁育技术研究.杨凌:西北农林科技大学,2013.
[32] 党康.黄精的种质资源和生物学特性研究.杨凌:西北农林科技大学,2006.
[33] 康廷国.中药鉴定学.北京:中国中医药出版社,2011.
[34] 毕胜,张含波,李桂兰.黄精的栽培.特种经济动植物,2003(11).
[35] 赵致,庞玉新,袁媛,等.药用作物黄精栽培研究进展及栽培的几个关键问题.贵州农业科学,2005(1).
[36] 查仕韡.金银花特征特性与栽培技术.农技服务,2008,25(1).
[37] 韩春梅.金银花生产栽培技术.四川农业科技,2008(12).
[38] 时国超,李纪华,武琳,等.金银花扦插育苗丰产栽培技术.现代农业科技,2010(11).
[39] 刘时敏.金银花的病虫害防治.农家科技,2004(5).
[40] 罗兰.金银花的栽培技术.新农村(黑龙江),2010(4).
[41] 李洪祥,姜保平,肖伟,等.玫瑰茄近十年的研究进展.中国现代中药,2017,19(3).
[42] 黄煜.玫瑰茄的病虫害发生特点及无害化防治对策.农业技术,2019,36(10).
[43] 谢学方.橡胶幼林间作玫瑰茄栽培技术.热带农业科学,2018,38(10).
[44] 蔡逸平,陈有根,范崔生.中药枳壳、枳实类原植物调查及商品药材的鉴定.中国中药杂志,1999(5).
[45] 潘隽丽,杨翠平,苏薇薇.枳壳类药材的研究概况.中药材,2003(10).
[46] 涂任平.枳壳的栽培与管理.现代园艺,2018(10).
[47] 刘诗华.金樱子育苗栽培技术.绿色科技,2012(6):113-114.
[48] 李小明.金樱子高产栽培.特种经济动植物,2010,13(6):35-36.
[49] 蓝云龙,施林妹,毛向阳,等.不同鱼腥草生物特性及高效高产栽培技术研究.中国林副特产,2008(4):1-3.
[50] 徐榕青,林玉霖,陈建雄,等.单叶蔓荆 GAP 规范化种植标准操作规程.现代中药研究与实践,2009,23(6):7-9.
[51] 朱培林,金小春,曾传圣.治沙优良药用植物蔓荆子的栽培技术.中国林副特产,2009(4):45-46.
[52] 罗文华,李志强,张金莲,等.成熟度对江西单叶蔓荆子质量的影响.中国实验方剂学杂志,2015,21(16):23-27.
[53] 杜婷,孙荣进,罗光明,等.单叶蔓荆子种子的最佳采收期.江西中医学院学报,2011,23(4):29-30.
[54] 符强,龚明辉,刘泽浦.江西水中人参——芡实栽培要点.长江蔬菜,2015(24):22.
[55] 丁广礼,李有星,侯家生.芡实的特征特性及高产高效栽培技术.现代农业科技,2017(10):93-94.
[56] 杨伟国,刘晓梅,张莉,等.洪泽芡实高产栽培及加工技术.中国蔬菜,2017(8):85-88.
[57] 李青松.芡实优质高产栽培技术.现代农业科技,2014(10):115,117.

[58] 朱纪谷.芡实栽培技术.现代农业科技,2009(12):59.
[59] 郭文场,郭平.芡实的栽培管理(1).特种经济动植物,2014,17(1):32-34.
[60] 郭文场,郭平.芡实的栽培管理(2).特种经济动植物,2014,17(2):38-39.
[61] 胡珊梅,范崔生,袁春林.江香薷的本草考证和药材资源的研究.江西中医药学院学报,1994,6(2):31-34.
[62] 刘贤旺,张寿文,曹岚,等.江香薷传统栽培技术调查研究.中药研究与信息,2003,5(7):61-62.
[63] 张寿文,刘贤旺,胡生福,等.江香薷生长发育特征及其栽培技术研究.江西农业大学学报,2004,26(3):468-470.
[64] 李民生,崔宇宏,王爱娜,等.种植、野生薄荷原药材调研考察及分析.中国药事,2019,33(4).
[65] 于清跃,朱新宝.薄荷种植与薄荷精油提取研究进展.安徽农业科学,2012,40(13).
[66] 宋魁,谭勇,龚昌禄,等.天然香料植物——薄荷.现代农业科技,2009(1).
[67] 黄世琼,肖礼娥.药用植物鱼腥草的研究进展.现代医药卫生,2010(19):2953-2954.
[68] 谭澍,韩玉萍.鱼腥草绿色健康高效栽培技术.长江蔬菜,2019(3):22-24.
[69] 张明露.鱼腥草的药理作用以及栽培技术文献综述.农技服务,2012,29(1).
[70] 王付山.夏枯草无公害栽培技术.河南农业,2018(13):16.
[71] 汪晓华,胡水平,彭春梅,等.水稻-夏枯草水旱轮作种植技术.江西农业,2016(17):5.
[72] 马德立,胡永辉,李新花.夏枯草高产栽培技术.河南农业,2013(17):34.
[73] 谢新年.夏枯草规范化种植初探:第十届全国中药和天然药物学术研讨会论文集[C].中国药学会中药与天然药物专业委员会:中国药学会,2009:237-246.
[74] 罗目和,周日宝,童巧珍,等.规范化栽培夏枯草果穗的最佳采收期研究.湖南中医学院学报,2005(1):12-14.
[75] 朱校奇.迷迭香高效栽培技术.湖南科技报,2019-12-31(003).
[76] 黄愉婷.迷迭香栽培技术及其应用.农村新技术,2019(10):8-10.
[77] 黄愉婷.迷迭香栽培技术及其应用.湖北林业科技,2015,44(3):88-90.
[78] 代兰英,葛云荣,景会."迷迭香"优质丰产栽培技术.云南农业科技,2006(4):29-30.
[79] 邹淑珍,胡小红.迷迭香引种栽培与园林应用研究进展.江西林业科技,2009(5):63-64.
[80] 李小川,王振师,李兴伟,等.迷迭香引种栽培研究.广东林业科技,2009,25(5):54-58.
[81] 邹淑珍.值得南昌地区推广栽培的芳香植物——迷迭香.江西林业科技,2005(4):22-23.
[82] 储菊劲.迷迭香栽培技术.上海蔬菜,1994(4):20.
[83] 章黎黎.迷迭香的栽培技术与利用.蔬菜,2015(7):73-74.
[84] 杨志勤.黄柏种植技术及病虫害防治研究.种子科技,2018,36(8):105,108.
[85] 黄慧茵.黄皮树种植地环境及育苗技术研究.长沙:中南林业科技大学,2009.
[86] 任宣百,包颖,付晓霞,等.栽植密度对黄檗苗期生物量的影响.吉林林业科技,2016,45(5):19-26.
[87] 裘雪梅,刘仁荣,刘建涛.广昌白莲研究进展.安徽农业科学,2006,34(6):1109-1110.
[88] 杨湘虹,吴湖龙,刘乐承.子莲的研究及应用进展.长江蔬菜,2015(22):30-33.
[89] 吴政元.白莲套作荸荠无公害高效栽培新技术.科学种养,2018(3):32-33.

[90] 郑琳城.政和白莲高产栽培技术的探讨.农村科学实验,2016(7):62-63.
[91] 陈华,韩春梅.蒲公英的栽培技术及田间管理措施.四川农业科技,2012(11):28.
[92] 李淑春.蒲公英大棚栽培技术.吉林农业,2019(15):73.
[93] 水永红.蒲公英的生长特性和无公害栽培技术.花卉,2018(22):26.
[94] 魏红.露地蒲公英人工栽培技术.现代农村科技,2018(4):19.
[95] 周琦,陈德仁,吕昕,等.蒲公英优质高产栽培技术.人参研究,2015(4):53-54.
[96] 刘裕彪,陈石发.元胡和夏天无的保种技术.江西农业科技,2006,6:33.
[97] 刘梅,王永刚,张文惠.夏天无的研究概况.江西中医院学报,2004,2(16):56.
[98] 杜安,赵增吉,杜江.中药材夏天无的高产栽培技术.江西农业学报,2006,18(2):121.
[99] 陈学南,周归荣.夏天无特性及栽培.江西农业科技,2003,10:14.
[100] 张锡州,龙脑樟引种扦插繁殖技术研究. 现代园艺,2019(3):2.
[101] 谢佩吾,何波祥,汪迎利,等.龙脑樟开发利用产业的标准化研究. 林业与环境科学,2019,35(1):7.
[102] 汤行昊,范辉华,黄建华,等.龙脑樟扦插繁殖技术研究. 南方林业科学,2017,45(6):5.
[103] 范崔生,王爱素.江西樟头红和南丰橘皮的生药学研究.中国中药杂志,1989,14(10):5.
[104] 周小钢.三湖红桔的发展与对策探讨.广西园艺,2006(2):9-10.
[105] 邓春华,聂建春. 三湖红桔低产园改造技术初探. 现代园艺,2015(21):40-41.
[106] 周淑荣,董昕瑜,郭文场. 栝楼的品种简介. 特种经济动植物,2018(3):41-45.
[107] 雷新南. 栝楼栽培技术. 农村新技术,2019,463(3):13-15.
[108] 国家药典委员会. 中国药典(一部).北京:中国医药科技出版社,2020.
[109] 李娟,李顺祥,黄丹,等. 铁皮石斛资源,化学成分及药理作用研究进展.科技导报,2011,29(18):6.
[110] 姜燕燕,李建民. 铁皮石斛的组织培养和快速无性繁殖. 青海草业,2021,30(3):7.
[111] 温焱光,丘亮伟,宋勇强,等. 铁皮石斛组培快繁及栽培技术研究. 中国园艺文摘,2012,28(8):3.
[112] 白美发. 铁皮石斛高效栽培技术. 黔西南日报,2021-09-24(002).
[113] 徐江.石斛属优质道地药材生产技术概述. 中国现代中药,2021,23(4):7.
[114] 段俊,段毅平. 铁皮石斛高效栽培技术. 福州:福建科学技术出版社,2013.
[115] 张启荣,陈晓刚."太空36号"子用莲高产栽培技术.福建农业,2013(4):17-19.